山东昌邑国家级海洋生态特别保护区
生物多样性图集

隽云昌　刘国宁　主编

SHANDONG CHANGYI GUOJIAJI HAIYANG SHENGTAI TEBIE BAOHUQU
SHENGWU DUOYANGXING TUJI

海洋出版社

2017年・北京

图书在版编目（CIP）数据

山东昌邑国家级海洋生态特别保护区生物多样性图集/
隽云昌，刘国宁主编. — 北京：海洋出版社，2017.12
ISBN 978-7-5210-0018-4

Ⅰ. ①山… Ⅱ. ①隽… ②刘… Ⅲ. ①海洋生物－自
然保护区－生物多样性－昌邑－图集 Ⅳ.
①S759.992.524-64

中国版本图书馆CIP数据核字(2017)第318186号

责任编辑：杨传霞　赵　娟
责任印制：赵麟苏

海洋出版社 出版发行
http://www.oceanpress.com.cn
北京市海淀区大慧寺路 8 号　邮编：100081
北京朝阳印刷厂有限责任公司印刷　新华书店北京发行所经销
2017年12月第1版　2017年12月第1次印刷
开本：889mm × 1194mm　1 / 16　印张：6.25
字数：166千字　定价：58.00元
发行部：010-62132549　邮购部：010-68038093　总编室：010-62114335
海洋版图书印、装错误可随时退换

《山东昌邑国家级海洋生态特别保护区生物多样性图集》编委会

主　　编： 隽云昌　刘国宁

副 主 编： 张守本　李秋霞　张　颖　曹建亭　宋秀凯　马元庆

编委会成员：（按姓氏笔画为序）

于广磊　于　航　王月霞　王显涛　付　萍
冯桂兰　任玉水　李　欣　李　荣　张　志
何健龙　邹旭东　吴倩倩　姜会超　赵晓杰
秦华伟　徐　娟　章彦华　程　玲

前 言

莱州湾是环渤海三个主要海湾之一，面积6 215平方千米，是典型的半封闭型内海。沿岸有黄河、小清河等十几条河流，挟带着大量泥沙和营养物质，冲入莱州湾。湾内水质肥沃，饵料生物繁多，温度、盐度条件适宜，生物多样性极为丰富。为保护众多珍稀濒危海洋生物物种及其栖息环境，国家海洋局在山东昌邑海域设立了山东昌邑国家级海洋生态特别保护区。山东昌邑国家级海洋生态特别保护区成立于2007年10月25日，主要保护对象是以柽柳为主的海洋生态系统。这是我国大陆海岸发育较好、连片最大、结构典型、保存完整的天然柽柳林分布区。这种典型独特的湿地在我国北方沿海地区极为罕见，具有生长面积大、分布集中、生态景观奇特、地理位置特殊等特征，在遗传、物种和生态系统等方面具有其他海区不可替代的作用。

为系统、全面地了解该保护区海洋环境和保护物种现状，由山东省海洋环境监测中心牵头、潍坊市海洋环境监测中心站配合，历时四年对山东昌邑国家级海洋生态特别保护区的生物多样性进行了调查，在此基础上编写了《山东昌邑国家级海洋生态特别保护区生物多样性图集》。该图集共调查和拍摄山东昌邑国家级海洋生态特别保护区内常见物种360种，其中常见陆生植被264种、常见海洋浮游生物36种、常见底栖生物36种和常见游泳动物24种，重点介绍了各常见生物的分类学地位和地理分布。

本图集的编写和出版得到了山东省渤海海洋生态修复及能力建设项目、潍坊市科技发展计划项目（2016ZJ1047）的资助，在此表示衷心的感谢。

该图集的校准得到潍坊学院路艳博士热心指导，谨致谢忱。

在本图集的编写过程中，主要参考了《渤海山东海域海洋保护区生物多样性图集》第一册、第三册、第四册和第五册，在此对上述图集的编者表示诚挚的感谢。

由于编制水平和时间等条件的限制，本图集难免存在疏漏和错误，诚恳地希望专家和读者给予批评指正。

编　者

2017 年 12 月

目 录

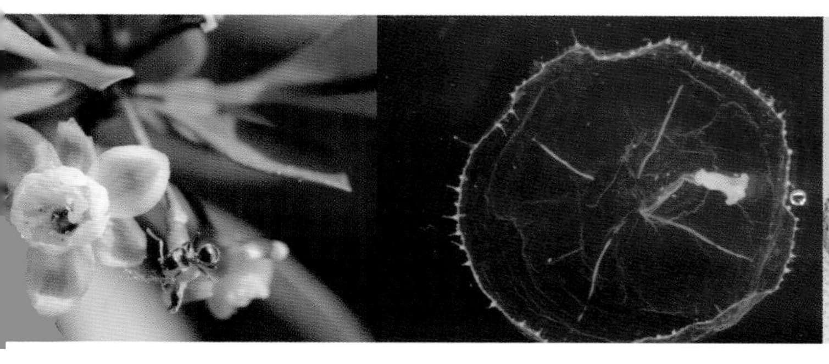

柽柳林
中石書

山东昌邑国家级海洋生态特别保护区

山东昌邑国家级海洋生态特别保护区成立于2007年10月25日，位于昌邑市北部，总面积2 929.28公顷，是截至目前我国唯一的以柽柳为主要保护对象的国家级海洋生态特别保护区。这是我国大陆海岸发育较好、连片最大、结构典型、保存完整的天然柽柳林分布区，这种典型独特的湿地在我国北方沿海地区极为罕见，具有生长面积大、分布集中、生态景观奇特、地理位置特殊等特征，在遗传、物种和生态系统等方面具有其他海区不可替代的作用，对于防风固沙、增加海洋动植物资源多样性、改善沿海生态环境、维持滨海湿地生态系统平衡起着重要作用。

2009年10月23日，昌邑市设立山东省潍坊市昌邑海洋生态特别保护区管理委员会，为昌邑市政府直属副县级全额拨款事业单位，主要职能是：负责保护区全面管理工作，贯彻执行国家海洋生态资源开发保护的有关法律法规和方针政策；制定保护区管理章程、管理制度；负责保护区监测、监视、评价、科研工作；会同有关部门做好防火工作等。

自成立以来，保护区管委会制定了《山东昌邑海洋生态特别保护区管理规章制度》《山东昌邑海洋生态特别保护区防火预案》和《昌邑海洋生态特别保护区管理委员会内部管理制度》等规范性文件，编制了《山东昌邑国家级海洋生态特别保护区总体规划》，使保护区管护工作更加制度化、规范化，为管护工作的顺利开展提供了保障。

常见陆生植被

节节草 *Equisetum ramosissimum*

中文种名：节节草

拉丁学名：*Equisetum ramosissimum*

分类地位：蕨类植物门 / 木贼纲 / 木贼目 / 木贼科 / 木贼属

分　　布：广泛分布于我国各地。土生，喜近水生。生于湿地、溪边、湿沙地、路旁等。

黑松 *Pinus thunbergii*

中文种名：黑松

拉丁学名：*Pinus thunbergii*

分类地位：裸子植物门 / 松柏纲 / 松柏目 / 松科 / 松属

分　　布：原产于日本及朝鲜南部海岸地区。我国在旅顺、大连、山东沿海地区和蒙山山区以及武汉、南京、上海、杭州等地引种栽培。

华山松 *Pinus armandii*

中文种名：华山松

拉丁学名：*Pinus armandii*

分类地位：裸子植物门 / 松柏纲 / 松柏目 / 松科 / 松属

分　　布：分布于我国山西南部、河南西南部、陕西南部秦岭、甘肃南部、四川、湖北西部、贵州中部及西北部、云南及西藏雅鲁藏布江下游海拔 1 000 ～ 3 300 米地带。

侧柏 *Platycladus orientalis*

中文种名：侧柏

拉丁学名：*Platycladus orientalis*

分类地位：裸子植物门 / 松柏纲 / 松柏目 / 柏科 / 侧柏属

分　　布：分布于我国内蒙古南部、吉林、辽宁、河北、山西、山东、江苏、浙江、福建、安徽、江西、河南、陕西、甘肃、四川、云南、贵州、湖北、湖南、广东北部及广西北部等省区。河北兴隆、山西太行山区、陕西秦岭以北渭河流域及云南澜沧江流域山谷中有天然森林。淮河以北、华北地区石炭岩山地、阳坡及平原多选用人造林。

龙柏 *Sabina chinensis* cv. *Kaizuca*

中文种名： 龙柏
拉丁学名： *Sabina chinensis* cv. *Kaizuca*
分类地位： 裸子植物门 / 松柏纲 / 松柏目 / 柏科 / 圆柏属
分　　布： 分布于我国内蒙古乌拉山、河北、山西、山东、江苏、浙江、福建、安徽、江西、河南、陕西南部、甘肃南部、四川、湖北西部、湖南、贵州、广东、广西北部及云南等地。生长于中性土、钙质土及微酸性土上，全国各地均有栽培。

莲 *Nelumbo nucifera*

中文种名： 莲
拉丁学名： *Nelumbo nucifera*
分类地位： 被子植物门 / 木兰纲 / 睡莲目 / 莲科 / 莲属
分　　布： 分布于我国南北各地。自生或栽培在池塘或水田内。

毛茛 *Ranunculus japonicus*

中文种名： 毛茛
拉丁学名： *Ranunculus japonicus*
分类地位： 被子植物门 / 木兰纲 / 毛茛目 / 毛茛科 / 毛茛属
分　　布： 除我国西藏外，在全国大部分地区广泛分布。生长于海拔 200 ～ 2 500 米的田沟旁和林缘路边的湿草地上。

紫叶小檗 *Berberis thunbergii* var. *atropurpurea*

中文种名： 紫叶小檗
拉丁学名： *Berberis thunbergii* var. *atropurpurea*
分类地位： 被子植物门 / 木兰纲 / 毛茛目 / 小檗科 / 小檗属
分　　布： 原分布于我国华北、华东以及秦岭以北，在我国北部城市基本都有栽植，产地在浙江、安徽、江苏、河南、河北等地。

木防己 *Cocculus orbiculatus*

中文种名： 木防己

拉丁学名： *Cocculus orbiculatus*

分类地位： 被子植物门 / 木兰纲 / 毛茛目 / 小檗科 / 小檗属

分　　布： 我国大部分地区都有分布（西北部和西藏尚未见过），以长江流域中下游及其以南各地常见。生长于灌丛、村边、林缘等处。

杜仲 *Eucommia ulmoides*

中文种名： 杜仲

拉丁学名： *Eucommia ulmoides*

分类地位： 被子植物门 / 木兰纲 / 杜仲目 / 杜仲科 / 杜仲属

分　　布： 分布于我国陕西、甘肃、河南、湖北、四川、云南、贵州、湖南及浙江等地，现各地广泛栽种。在自然状态下，生长于海拔 300 ～ 500 米的低山、谷地或低坡的疏林里，对土壤的选择并不严格，在瘠薄的红土里或岩石峭壁上均能生长。

榆 *Ulmus pumila*

中文种名： 榆

拉丁学名： *Ulmus pumila*

分类地位： 被子植物门 / 木兰纲 / 荨麻目 / 榆科 / 榆属

分　　布： 分布于我国东北、华北、西北及西南各省区。生长于海拔 1 000 ～ 2 500 米以下的山坡、山谷、川地、丘陵及沙岗等处。长江下游各地有栽培，也为华北及淮北平原农村的习见树木。

小叶朴 *Celtis bungeana*

中文种名： 小叶朴

拉丁学名： *Celtis bungeana*

分类地位： 被子植物门 / 木兰纲 / 荨麻目 / 榆科 / 朴属

分　　布： 分布于我国辽宁、河北、山东、山西、内蒙古、甘肃、宁夏、青海、陕西、河南、安徽、江苏、浙江、江西、湖北、四川、云南、西藏等地。多生长于海拔 150 ～ 2 300 米的路旁、山坡、灌丛或林边。

朴树 *Celtis sinensis*

中文种名：朴树
拉丁学名：*Celtis sinensis*
分类地位：被子植物门 / 木兰纲 / 荨麻目 / 榆科 / 朴属
分　　布：分布于我国山东、河南、江苏、安徽、浙江、福建、江西、湖南、湖北、四川、贵州、广西、广东、台湾。多生长于海拔 100 ～ 1 500 米的路旁、山坡、林缘。

桑 *Morus alba*

中文种名：桑
拉丁学名：*Morus alba*
分类地位：被子植物门 / 木兰纲 / 荨麻目 / 桑科 / 桑属
分　　布：原分布于我国中部和北部，现由东北至西南各地，西北直至新疆均有栽培。

构树 *Broussonetia papyrifera*

中文种名：构树
拉丁学名：*Broussonetia papyrifera*
分类地位：被子植物门 / 木兰纲 / 荨麻目 / 桑科 / 构属
分　　布：分布于我国南北各地。野生或栽培。

柘 *Maclura tricuspidata*

中文种名：柘
拉丁学名：*Maclura tricuspidata*
分类地位：被子植物门 / 木兰纲 / 荨麻目 / 桑科 / 柘属
分　　布：分布于我国华北、华东、中南、西南各省区（北达陕西、河北）。生长于海拔 500 ～ 1 500（2 200）米，阳光充足的山地或林缘。

葎草 *Humulus scandens*

中文种名： 葎草
拉丁学名： *Humulus scandens*
分类地位： 被子植物门 / 木兰纲 / 荨麻目 / 桑科 / 葎草属
分　　布： 我国除新疆、青海外，南北大部分地区均有分布。常生长于沟边、荒地、废墟、林缘边。

板栗 *Castanea mollissima*

中文种名： 板栗
拉丁学名： *Castanea mollissima*
分类地位： 被子植物门 / 木兰纲 / 山毛榉目 / 壳斗科 / 栗属
分　　布： 除我国青海、宁夏、新疆、海南等少数省区外广布于南北各地，常见于平地至海拔 2 800 米山地，仅见栽培。

垂序商陆 *Phytolacca americana*

中文种名： 垂序商陆
拉丁学名： *Phytolacca americana*
分类地位： 被子植物门 / 木兰纲 / 石竹目 / 商路科 / 商路属
分　　布： 原产于北美地区，引入栽培。1960 年以后遍及我国河北、陕西、山东、江苏、浙江、江西、福建、河南、湖北、广东、四川、云南等地。

灰绿藜 *Chenopodium glaucum*

中文种名： 灰绿藜
拉丁学名： *Chenopodium glaucum*
分类地位： 被子植物门 / 木兰纲 / 石竹目 / 藜科 / 藜属
分　　布： 我国除台湾、福建、江西、广东、广西、贵州、云南外，其他各地都有分布。生长于农田、菜园、村旁、水边等有轻度盐碱的土壤上。

小藜 *Chenopodium serotinum*

中文种名： 小藜
拉丁学名： *Chenopodium serotinum*
分类地位： 被子植物门 / 木兰纲 / 石竹目 / 藜科 / 藜属

分　　布： 我国除西藏未见标本外其他省区都有分布。普通田间杂草，有时也生长于荒地、道旁、垃圾堆等处。

藜 *Chenopodium album*

中文种名： 藜
拉丁学名： *Chenopodium album*
分类地位： 被子植物门 / 木兰纲 / 石竹目 / 藜科 / 藜属
分　　布： 分布遍及全球温带及热带，我国各地均产。生长于路旁、荒地及田间，为很难除掉的杂草。

碱蓬 *Suaeda glauca*

中文种名： 碱蓬
拉丁学名： *Suaeda glauca*
分类地位： 被子植物门 / 木兰纲 / 石竹目 / 藜科 / 碱蓬属
分　　布： 分布于我国黑龙江、内蒙古、河北、山东、江苏、浙江、河南、山西、陕西、宁夏、甘肃、青海、新疆南部。生长于海滨、荒地、渠岸、田边等含盐碱的土壤。

盐地碱蓬 *Suaeda salsa*

中文种名： 盐地碱蓬
拉丁学名： *Suaeda salsa*
分类地位： 被子植物门 / 木兰纲 / 石竹目 / 藜科 / 碱蓬属
分　　布： 分布于我国东北、内蒙古、河北、山西、陕西、宁夏、甘肃北部及西部、青海、新疆及山东、江苏、浙江的沿海地区。生长于盐碱土，在海滩及湖边常形成单种群落。

无翅猪毛菜 *Salsola komarovii*

中文种名： 无翅猪毛菜
拉丁学名： *Salsola komarovii*
分类地位： 被子植物门 / 木兰纲 / 石竹目 / 藜科 / 猪毛菜属
分　　布： 分布于我国东北、河北、山东、江苏及浙江北部。生长于海滨，河滩砂质土壤。

猪毛菜 *Salsola collina*

中文种名： 猪毛菜
拉丁学名： *Salsola collina*
分类地位： 被子植物门 / 木兰纲 / 石竹目 / 藜科 / 猪毛菜属
分　　布： 分布于我国东北、华北、西北、西南及西藏、河南、山东、江苏等地。生长于村边、路边及荒芜场所。

绿穗苋 *Amaranthus hybridus*

中文种名： 绿穗苋
拉丁学名： *Amaranthus hybridus*
分类地位： 被子植物门 / 木兰纲 / 石竹目 / 苋科 / 苋属
分　　布： 分布于我国陕西南部、河南、安徽、江苏、浙江、江西、湖南、湖北、四川、贵州。生长于海拔 400 ~ 1 100 米的田野、旷地或山坡。

苋 *Amaranthus tricolor*

中文种名： 苋
拉丁学名： *Amaranthus tricolor*
分类地位： 被子植物门 / 木兰纲 / 石竹目 / 苋科 / 苋属
分　　布： 我国各地均有栽培，有时逸为半野生。

合被苋 *Amaranthus polygonoides*

中文种名： 合被苋

拉丁学名： *Amaranthus polygonoides*

分类地位： 被子植物门 / 木兰纲 / 石竹目 / 苋科 / 苋属

分　　布： 分布于我国山东、北京、安徽。

马齿苋 *Portulaca oleracea*

中文种名： 马齿苋

拉丁学名： *Portulaca oleracea*

分类地位： 被子植物门 / 木兰纲 / 石竹目 / 马齿苋科 / 马齿苋属

分　　布： 广布全世界温带和热带地区。我国南北各地均有分布。性喜肥沃土壤，耐旱亦耐涝，生命力强，生长于菜园、农田、路旁，为田间常见杂草。

鹅肠菜 *Myosoton aquaticum*

中文种名： 鹅肠菜

拉丁学名： *Myosoton aquaticum*

分类地位： 被子植物门 / 木兰纲 / 石竹目 / 石竹科 / 鹅肠菜属

分　　布： 分布于我国南北各地。生长于海拔 350 ～ 2 700 米的河流两旁冲积沙地的低湿处或灌丛林缘和水沟旁。

麦瓶草 *Silene conoidea*

中文种名： 麦瓶草

拉丁学名： *Silene conoidea*

分类地位： 被子植物门 / 木兰纲 / 石竹目 / 石竹科 / 蝇子草属

分　　布： 分布于我国黄河流域和长江流域，西至新疆和西藏。常生长于麦田中或荒地草坡。

石竹 *Dianthus chinensis*

中文种名： 石竹
拉丁学名： *Dianthus chinensis*
分类地位： 被子植物门 / 木兰纲 / 石竹目 / 石竹科 / 石竹属
分　　布： 原产于我国北方，现在南北各地普遍分布。生长于草原和山坡草地。

繁缕 *Stellaria media*

中文种名： 繁缕
拉丁学名： *Stellaria media*
分类地位： 被子植物门 / 木兰纲 / 石竹目 / 石竹科 / 繁缕属
分　　布： 我国广布（仅新疆、黑龙江未见记录），为田间常见杂草。

萹蓄 *Polygonum aviculare*

中文种名： 萹蓄
拉丁学名： *Polygonum aviculare*
分类地位： 被子植物门 / 木兰纲 / 蓼目 / 蓼科 / 蓼属
分　　布： 北温带广泛分布。产于我国各地。生长于海拔 10 ～ 4 200 米的田边路、沟边湿地。

红蓼 *Polygonum orientale*

中文种名： 红蓼
拉丁学名： *Polygonum orientale*
分类地位： 被子植物门 / 木兰纲 / 蓼目 / 蓼科 / 蓼属
分　　布： 除西藏外，广布于我国大部分地区，野生或栽培。生长于海拔 30 ～ 2 700 米的沟边湿地、村边路旁。

密毛酸模叶蓼 *Polygonum lapathifolium* var. *lanatum*

中文种名： 密毛酸模叶蓼
拉丁学名： *Polygonum lapathifolium* var. *lanatum*
分类地位： 被子植物门 / 木兰纲 / 蓼目 / 蓼科 / 蓼属
分　　布： 主产于我国福建、台湾、广东、广西及云南。生长于海拔 80 ～ 2 500 米的田边湿地、沟边及水塘边。

水蓼 *Polygonum hydropiper*

中文种名： 水蓼
拉丁学名： *Polygonum hydropiper*
分类地位： 被子植物门 / 木兰纲 / 蓼目 / 蓼科 / 蓼属
分　　布： 分布于我国南北各地。生长于海拔 50 ～ 3 500 米的河滩、水沟边、山谷湿地。

巴天酸模 *Rumex patientia*

中文种名： 巴天酸模
拉丁学名： *Rumex patientia*
分类地位： 被子植物门 / 木兰纲 / 蓼目 / 蓼科 / 酸模属
分　　布： 产于我国东北、华北、西北、山东、河南、湖南、湖北、四川及西藏。生长于海拔 20 ～ 4 000 米的沟边湿地、水边。

酸模 *Rumex acetosa*

中文种名： 酸模
拉丁学名： *Rumex acetosa*
分类地位： 被子植物门 / 木兰纲 / 蓼目 / 蓼科 / 酸模属
分　　布： 分布于我国南北各地。生长于海拔 400 ～ 4 100 米的山坡、林缘、沟边、路旁。

补血草 *Limonium sinense*

中文种名： 补血草
拉丁学名： *Limonium sinense*
分类地位： 被子植物门 / 木兰纲 / 白花丹目 / 白花丹科 / 补血草属
分　　布： 分布于我国滨海各地；生长于沿海潮湿盐土或砂土上。

扁担杆 *Grewia biloba*

中文种名： 扁担杆
拉丁学名： *Grewia biloba*
分类地位： 被子植物门 / 木兰纲 / 锦葵目 / 椴树科 / 扁担木属
分　　布： 产于我国江西、湖南、浙江、广东、台湾、安徽、四川等地。

锦葵 *Malva sinensis*

中文种名： 锦葵
拉丁学名： *Malva sinensis*
分类地位： 被子植物门 / 木兰纲 / 锦葵目 / 锦葵科 / 锦葵属
分　　布： 我国南北各城市常见的栽培植物，偶有逸生。南自广东、广西，北至内蒙古、辽宁，东起台湾，西至新疆和西南各地，均有分布。

蜀葵 *Althaea rosea*

中文种名： 蜀葵
拉丁学名： *Althaea rosea*
分类地位： 被子植物门 / 木兰纲 / 锦葵目 / 锦葵科 / 蜀葵属
分　　布： 原产于我国西南地区，全国各地广泛栽培供园林观赏用。世界各国均有栽培供观赏用。

苘麻 *Abutilon theophrasti*

中文种名： 苘麻
拉丁学名： *Abutilon theophrasti*
分类地位： 被子植物门 / 木兰纲 / 锦葵目 / 锦葵科 / 苘麻属
分　　布： 除青藏高原不产外，我国其他各地均产，东北各地都有栽培。常见于路旁、荒地和田野间。

木槿 *Hibiscus syriacus*

中文种名： 木槿
拉丁学名： *Hibiscus syriacus*
分类地位： 被子植物门 / 木兰纲 / 锦葵目 / 锦葵科 / 木槿属
分　　布： 在我国台湾、福建、广东、广西、云南、贵州、四川、湖南、湖北、安徽、江西、浙江、江苏、山东、河北、河南、陕西等地，均有栽培，系我国中部各地原产。

野西瓜苗 *Hibiscus trionum*

中文种名： 野西瓜苗
拉丁学名： *Hibiscus trionum*
分类地位： 被子植物门 / 木兰纲 / 锦葵目 / 锦葵科 / 木槿属
分　　布： 产于我国各地，无论平原、山野、丘陵或田埂，处处有之，是田间常见的杂草。

陆地棉 *Gossypium hirsutum*

中文种名： 陆地棉
拉丁学名： *Gossypium hirsutum*
分类地位： 被子植物门 / 木兰纲 / 锦葵目 / 锦葵科 / 棉属
分　　布： 原产于美洲墨西哥。19 世纪末叶始传入我国栽培。广泛栽培于我国各产棉区，且已取代树棉和草棉。

早开堇菜 *Viola prionantha*

中文种名： 早开堇菜
拉丁学名： *Viola prionantha*
分类地位： 被子植物门 / 木兰纲 / 堇菜目 / 堇菜科 / 堇菜属
分　　布： 产于我国黑龙江、吉林、辽宁、内蒙古、河北、山西、陕西、宁夏、甘肃、山东、江苏、河南、湖北、云南。生长于山坡草地、沟边、宅旁等向阳处。

紫花地丁 *Viola philippica*

中文种名： 紫花地丁
拉丁学名： *Viola philippica*
分类地位： 被子植物门 / 木兰纲 / 堇菜目 / 堇菜科 / 堇菜属
分　　布： 产于我国黑龙江、吉林、辽宁、内蒙古、河北、山西、陕西、甘肃、山东、江苏、安徽、浙江、江西、福建、台湾、河南、湖北、湖南、广西、四川、贵州、云南。生长于田间、荒地、山坡草丛、林缘或灌丛中。

柽柳 *Tamarix chinensis*

中文种名： 柽柳
拉丁学名： *Tamarix chinensis*
分类地位： 被子植物门 / 木兰纲 / 堇菜目 / 柽柳科 / 柽柳属
分　　布： 野生于我国辽宁、河北、河南、山东、江苏（北部）、安徽（北部）等地；栽培于我国东部至西南部各地。喜生长于河流冲积平原，海滨、滩头、潮湿盐碱地和沙荒地。

小马泡 *Cucumis bisexualis*

中文种名： 小马泡
拉丁学名： *Cucumis bisexualis*
分类地位： 被子植物门 / 木兰纲 / 堇菜目 / 葫芦科 / 黄瓜属
分　　布： 产于我国山东、安徽和江苏。生长于田边路旁。

毛白杨 *Populus tomentosa*

中文种名： 毛白杨
拉丁学名： *Populus tomentosa*
分类地位： 被子植物门 / 木兰纲 / 杨柳目 / 杨柳科 / 杨属
分　　布： 分布广泛，在我国辽宁、河北、山东、山西、陕西、甘肃、河南、安徽、江苏、浙江等地均有分布，以黄河流域中、下游为中心分布区。喜生长于海拔 1 500 米以下的温和平原地区。

垂柳 *Salix babylonica*

中文种名： 垂柳
拉丁学名： *Salix babylonica*
分类地位： 被子植物门 / 木兰纲 / 杨柳目 / 杨柳科 / 柳属
分　　布： 分布于我国长江流域与黄河流域，其他各地也有栽培，为道旁、水边等绿化树种。既耐水湿，也能生长于干旱处。

旱柳 *Salix matsudana*

中文种名： 旱柳
拉丁学名： *Salix matsudana*
分类地位： 被子植物门 / 木兰纲 / 杨柳目 / 杨柳科 / 柳属
分　　布： 分布于我国东北、华北平原、西北黄土高原，西至甘肃、青海，南至淮河流域以及浙江、江苏等地，为平原地区常见树种。

独行菜 *Lepidium apetalum*

中文种名： 独行菜
拉丁学名： *Lepidium apetalum*
分类地位： 被子植物门 / 双子叶植物纲 / 白花菜目 / 十字花科 / 独行菜属
分　　布： 分布于我国东北、华北、江苏、浙江、安徽、西北、西南。生长于海拔 400 ～ 2 000 米的山坡、山沟、路旁及村庄附近。

北美独行菜 *Lepidium virginicum*

中文种名： 北美独行菜
拉丁学名： *Lepidium virginicum*
分类地位： 被子植物门 / 双子叶植物纲 / 白花菜目 / 十字花科 / 独行菜属
分　　布： 分布于我国山东、河南、安徽、江苏、浙江、福建、湖北、江西、广西。生长于田边或荒地，为田间杂草。

荠菜 *Capsella bursa-pastoris*

中文种名： 荠菜
拉丁学名： *Capsella bursa-pastoris*
分类地位： 被子植物门 / 木兰纲 / 白花菜目 / 十字花科 / 荠属
分　　布： 遍及全国；分布于全世界温带地区。野生，偶有栽培。生长于山坡、田边及路旁。

播娘蒿 *Descurainia sophia*

中文种名： 播娘蒿
拉丁学名： *Descurainia sophia*
分类地位： 被子植物门 / 木兰纲 / 白花菜目 / 十字花科 / 播娘蒿属
分　　布： 除我国华南地区外，全国其他地区均产。生长于山坡、田野及农田。

诸葛菜 *Orychophragmus violaceus*

中文种名： 诸葛菜
拉丁学名： *Orychophragmus violaceus*
分类地位： 被子植物门 / 双子叶植物纲 / 白花菜目 / 十字花科 / 诸葛菜属
分　　布： 分布于我国辽宁、河北、山西、山东、河南、安徽、江苏、浙江、湖北、江西、陕西、甘肃、四川。生长于平原、山地、路旁或地边。

沼生蔊菜 *Rorippa islandica*

中文种名： 沼生蔊菜
拉丁学名： *Rorippa islandica*
分类地位： 被子植物门 / 木兰纲 / 白花菜目 / 十字花科 / 蔊菜属
分　　布： 分布于我国黑龙江、吉林、辽宁、内蒙古、河北、山西、山东、河南、安徽、江苏、湖南、陕西、甘肃、青海、新疆、贵州、云南。生长于潮湿环境或近水处、溪岸、路旁、田边、山坡草地及草场。

小花糖芥 *Erysimum cheiranthoides*

中文种名： 小花糖芥
拉丁学名： *Erysimum cheiranthoides*
分类地位： 被子植物门 / 木兰纲 / 白花菜目 / 十字花科 / 糖芥属
分　　布： 分布于我国吉林、辽宁、内蒙古、河北、山西、山东、河南、安徽、江苏、湖北、湖南、陕西、甘肃、宁夏、新疆、四川、云南。生长于海拔 500 ～ 2 000 米的山坡、山谷、路旁及村旁荒地。

柿 *Diospyros kaki*

中文种名： 柿
拉丁学名： *Diospyros kaki*
分类地位： 被子植物门 / 木兰纲 / 柿树目 / 柿树科 / 柿属
分　　布： 原产于我国长江流域。现在辽宁西部、长城一线经甘肃南部，折入四川、云南，在此线以南，东至台湾省，各地多有栽培。

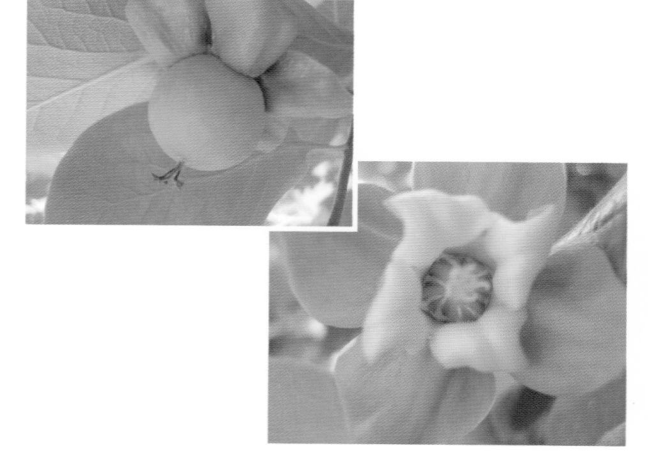

垂盆草 *Sedum sarmentosum*

中文种名： 垂盆草
拉丁学名： *Sedum sarmentosum*
分类地位： 被子植物门 / 木兰纲 / 蔷薇目 / 景天科 / 景天属
分　　布： 分布于我国福建、贵州、四川、湖北、湖南、江西、安徽、浙江、江苏、甘肃、陕西、河南、山东、山西、河北、辽宁、吉林、北京。生长于海拔 1 600 米以下的山坡阳或石隙等处。

华北绣线菊 *Spiraea fritschiana*

中文种名： 华北绣线菊
拉丁学名： *Spiraea fritschiana*
分类地位： 被子植物门 / 木兰纲 / 蔷薇目 / 蔷薇科 / 绣线菊属
分　　布： 分布于我国河南、陕西、山东、江苏、浙江。生长于海拔 100 ～ 1 000 米的岩石坡地、山谷丛林间。

朝天委陵菜 *Potentilla supina*

中文种名： 朝天委陵菜
拉丁学名： *Potentilla supina*
分类地位： 被子植物门 / 木兰纲 / 蔷薇目 / 蔷薇科 / 委陵菜属
分　　布： 广布于北半球温带及部分亚热带地区。分布于我国黑龙江、吉林、辽宁、内蒙古、河北、山西、陕西、宁夏、甘肃、新疆、山东、河南、江苏、浙江、安徽、江西、湖北、湖南、广东、四川、贵州、云南、西藏。生长于海拔 100 ～ 2 000 米的田边、荒地、河岸沙地、草甸、山坡湿地。

玫瑰 *Rosa rugosa*

中文种名： 玫瑰
拉丁学名： *Rosa rugosa*
分类地位： 被子植物门 / 木兰纲 / 蔷薇目 / 蔷薇科 / 蔷薇属
分　　布： 原分布于我国华北以及日本和朝鲜。我国各地均有栽培。

月季 *Rosa chinensis*

中文种名： 月季
拉丁学名： *Rosa chinensis*
分类地位： 被子植物门 / 木兰纲 / 蔷薇目 / 蔷薇科 / 蔷薇属
分　　布： 原产于我国，各地均普遍栽培。

西府海棠 *Malus micromalus*

中文种名： 西府海棠
拉丁学名： *Malus micromalus*
分类地位： 被子植物门 / 木兰纲 / 蔷薇目 / 蔷薇科 / 苹果属
分　　布： 分布于我国辽宁、河北、山西、山东、陕西、甘肃、云南。生长于海拔 100 ～ 2 400 米地区。

火棘 *Pyracantha fortuneana*

中文种名： 火棘
拉丁学名： *Pyracantha fortuneana*
分类地位： 被子植物门 / 木兰纲 / 蔷薇目 / 蔷薇科 / 火棘属
分　　布： 分布于我国陕西、河南、江苏、浙江、福建、湖北、湖南、广西、贵州、云南、四川、西藏。生长于海拔 500 ～ 2 800 米的山地、丘陵地阳坡灌丛草地及河沟路旁。

紫叶李 *Prunus cerasifera* f. *atropurpurea*

中文种名： 紫叶李
拉丁学名： *Prunus cerasifera* f. *atropurpurea*
分类地位： 被子植物门 / 木兰纲 / 蔷薇目 / 蔷薇科 / 李属

分　　布： 原产于亚洲西南部，在我国华北及其以南地区广为种植。

桃 *Amygdalus persica*

中文种名： 桃
拉丁学名： *Amygdalus persica*
分类地位： 被子植物门 / 木兰纲 / 蔷薇目 / 蔷薇科 / 桃属
分　　布： 原产于我国，各地均广泛栽培。世界各地均有栽植。

合欢 *Albizia julibrissin*

中文种名：合欢
拉丁学名：*Albizia julibrissin*
分类地位：被子植物门 / 木兰纲 / 豆目 / 豆科 / 合欢属
分　　布：分布于我国东北至华南及西南部各地。生长于山坡或栽培。

山槐 *Albizia kalkora*

中文种名：山槐
拉丁学名：*Albizia kalkora*
分类地位：被子植物门 / 木兰纲 / 豆目 / 豆科 / 合欢属
分　　布：分布于我国华北、西北、华东、华南至西南部各省区。生长于山坡灌丛、疏林中。

皂荚 *Gleditsia sinensis*

中文种名：皂荚
拉丁学名：*Gleditsia sinensis*
分类地位：被子植物门 / 木兰纲 / 豆目 / 豆科 / 皂荚属
分　　布：分布于我国河北、山东、河南、山西、陕西、甘肃、江苏、安徽、浙江、江西、湖南、湖北、福建、广东、广西、四川、贵州、云南等地。生长于海拔自平地至 2 500 米的山坡林中或谷地、路旁。常栽培于庭院或宅旁。

紫荆 *Cercis chinensis*

中文种名：紫荆
拉丁学名：*Cercis chinensis*
分类地位：被子植物门 / 木兰纲 / 豆目 / 豆科 / 紫荆属
分　　布：分布于我国东南部，北至河北，南至广东、广西，西至云南、四川，西北至陕西，东至浙江、江苏和山东等地。多植于庭园、屋旁、街边，少数生长于密林或石灰岩地区。

槐 *Sophora japonica*

中文种名： 槐
拉丁学名： *Sophora japonica*
分类地位： 被子植物门 / 木兰纲 / 豆目 / 豆科 / 槐属
分　　布： 原产于我国。现广泛分布于南北各地栽培，华北和黄土高原地区尤为多见。

金枝槐 *Sophora japonica* cv. *Golden Stem*

中文种名： 金枝槐
拉丁学名： *Sophora japonica* cv. *Golden Stem*
分类地位： 被子植物门 / 木兰纲 / 豆目 / 豆科 / 槐属
分　　布： 主要分布于我国江苏、山东、安徽、浙江等地。

苦参 *Sophora flavescens*

中文种名： 苦参
拉丁学名： *Sophora flavescens*
分类地位： 被子植物门 / 木兰纲 / 豆目 / 豆科 / 槐属
分　　布： 原分布于我国南北各地。生长于海拔 1 500 米以下的山坡、沙地草坡灌木林中或田野附近。

刺槐 *Robinia pseudoacacia*

中文种名： 刺槐
拉丁学名： *Robinia pseudoacacia*
分类地位： 被子植物门 / 木兰纲 / 豆目 / 豆科 / 刺槐属
分　　布： 原产于美国东部，17 世纪传入欧洲及非洲。我国于 18 世纪末从欧洲引入青岛栽培，现在全国各地广泛栽植。

毛洋槐 *Robinia hispida*

中文种名： 毛洋槐
拉丁学名： *Robinia hispida*
分类地位： 被子植物门 / 木兰纲 / 豆目 / 豆科 / 刺槐属
分　　布： 原产于北美，我国北京、天津、陕西、山东、南京和辽宁熊岳等地有少量引种。

香花槐 *Robinia pseudoacacia* cv. *idaho*

中文种名： 香花槐
拉丁学名： *Robinia pseudoacacia* cv. *idaho*
分类地位： 被子植物门 / 木兰纲 / 豆目 / 豆科 / 刺槐属
分　　布： 原产于西班牙，20 世纪 60 年代引进朝鲜。在我国南方、华北、西北地区均生长良好。

绒毛胡枝子 *Lespedeza tomentosa*

中文种名： 绒毛胡枝子
拉丁学名： *Lespedeza tomentosa*
分类地位： 被子植物门 / 木兰纲 / 豆目 / 豆科 / 胡枝子属
分　　布： 除新疆及西藏外，我国其他地区普遍分布。生长于海拔 1 000 米以下的干山坡草地及灌丛间。

兴安胡枝子 *Lespedeza daurica*

中文种名： 兴安胡枝子
拉丁学名： *Lespedeza daurica*
分类地位： 被子植物门 / 木兰纲 / 豆目 / 豆科 / 胡枝子属
分　　布： 分布于我国东北、华北经秦岭淮河以北至西南各地。生长于山坡、草地、路旁及砂质地上。

鸡眼草 *Kummerowia striata*

中文种名： 鸡眼草

拉丁学名： *Kummerowia striata*

分类地位： 被子植物门 / 木兰纲 / 豆目 / 豆科 / 鸡眼草属

分　　布： 分布于我国东北、华北、华东、中南、西南等地区。生长于海拔 500 米以下的路旁、田边、溪旁、砂质地或缓山坡草地。

野大豆 *Glycine soja*

中文种名： 野大豆

拉丁学名： *Glycine soja*

分类地位： 被子植物门 / 木兰纲 / 豆目 / 豆科 / 大豆属

分　　布： 除我国新疆、青海和海南外，几乎遍布全国。生长于海拔 150 ~ 2 650 米潮湿的田边、园边、沟旁、河岸、湖边、沼泽、草甸、沿海和岛屿向阳的矮灌木丛或芦苇丛中，稀见于沿河岸疏林下。

紫穗槐 *Amorpha fruticosa*

中文种名： 紫穗槐

拉丁学名： *Amorpha fruticosa*

分类地位： 被子植物门 / 木兰纲 / 豆目 / 豆科 / 紫穗槐属

分　　布： 分布于我国东北、华北、西北及山东、安徽、江苏、河南、湖北、广西、四川等地。

糙叶黄耆 *Astragalus scaberrimus*

中文种名： 糙叶黄耆

拉丁学名： *Astragalus scaberrimus*

分类地位： 被子植物门 / 木兰纲 / 豆目 / 豆科 / 黄耆属

分　　布： 分布于我国东北、华北、西北各地。生长在山坡石砾质草地、草原、沙丘及沿河流两岸的沙地。

狭叶米口袋 *Gueldenstaedtia stenophylla*

中文种名： 狭叶米口袋
拉丁学名： *Gueldenstaedtia stenophylla*
分类地位： 被子植物门 / 木兰纲 / 豆目 / 豆科 / 米口袋属
分　　布： 分布于我国内蒙古、河北、山西、陕西、甘肃、浙江、河南及江西北部。生长于向阳的山坡、草地等处。

窄叶野豌豆 *Vicia angustifolia*

中文种名： 窄叶野豌豆
拉丁学名： *Vicia angustifolia*
分类地位： 被子植物门 / 木兰纲 / 豆目 / 豆科 / 野豌豆属
分　　布： 分布于我国西北、华东、华中、华南及西南各地。生长于滨海至海拔 3000 米的河滩、山沟、谷地、田边草丛。

家山黧豆 *Lathyrus sativus*

中文种名： 家山黧豆
拉丁学名： *Lathyrus sativus*
分类地位： 被子植物门 / 木兰纲 / 豆目 / 豆科 / 山黧豆属
分　　布： 分布于我国北方地区，可作为猪、牛的饲料。

白花草木犀 *Melilotus albus*

中文种名： 白花草木犀
拉丁学名： *Melilotus albus*
分类地位： 被子植物门 / 木兰纲 / 豆目 / 豆科 / 草木犀属
分　　布： 分布于我国东北、华北、西北及西南各地。生长于田边、路旁荒地及湿润的沙地。

黄花草木犀 *Melilotus officinalis*

中文种名： 黄花草木犀
拉丁学名： *Melilotus officinalis*
分类地位： 被子植物门 / 木兰纲 / 豆目 / 豆科 / 草木犀属
分　　布： 分布于我国东北、华南、西南各地，其余各地常见栽培。生长于山坡、河岸、路旁、砂质草地及林缘。

紫苜蓿 *Medicago sativa*

中文种名： 紫苜蓿
拉丁学名： *Medicago sativa*
分类地位： 被子植物门 / 木兰纲 / 豆目 / 豆科 / 苜蓿属
分　　布： 我国各地都有栽培或呈半野生状态。生长于田边、路旁、旷野、草原、河岸及沟谷等地。

天蓝苜蓿 *Medicago lupulina*

中文种名： 天蓝苜蓿
拉丁学名： *Medicago lupulina*
分类地位： 被子植物门 / 木兰纲 / 豆目 / 豆科 / 苜蓿属
分　　布： 分布于我国南北各地，以及青藏高原。适宜于凉爽气候及水分良好土壤，在各种条件下都有野生，常见于河岸、路边、田野及林缘。

白车轴草 *Trifolium repens*

中文种名： 白车轴草
拉丁学名： *Trifolium repens*
分类地位： 被子植物门 / 木兰纲 / 豆目 / 豆科 / 车轴草属
分　　布： 原产于欧洲和北非，世界各地均有栽培。在我国常见于种植，并在湿润草地、河岸、路边呈半自生状态。

千屈菜 *Lythrum salicaria*

中文种名： 千屈菜
拉丁学名： *Lythrum salicaria*
分类地位： 被子植物门 / 木兰纲 / 桃金娘目 / 千屈菜科 / 千屈菜属
分　　布： 分布于我国各地，亦有栽培。生长于河岸、湖畔、溪沟边和潮湿草地。

紫薇 *Lagerstroemia indica*

中文种名： 紫薇
拉丁学名： *Lagerstroemia indica*
分类地位： 被子植物门 / 木兰纲 / 桃金娘目 / 千屈菜科 / 紫薇属
分　　布： 我国广东、广西、湖南、福建、江西、浙江、江苏、湖北、河南、河北、山东、安徽、陕西、四川、云南、贵州及吉林均有生长或栽培。

石榴 *Punica granatum*

中文种名： 石榴
拉丁学名： *Punica granatum*
分类地位： 被子植物门 / 木兰纲 / 桃金娘目 / 石榴科 / 石榴属
分　　布： 原产于巴尔干半岛至伊朗及其邻近地区，全世界的温带和热带地区都有种植。

小花山桃草 *Gaura parviflora*

中文种名： 小花山桃草
拉丁学名： *Gaura parviflora*
分类地位： 被子植物门 / 木兰纲 / 桃金娘目 / 柳叶菜科 / 山桃草属
分　　布： 原产于美国，尤以中西部地区最多，南美、欧洲、亚洲、澳大利亚有引种并逸为野生。我国河北、河南、山东、安徽、江苏、湖北、福建有引种，并逸为野生杂草。

山桃草 *Gaura lindheimeri*

中文种名： 山桃草
拉丁学名： *Gaura lindheimeri*
分类地位： 被子植物门 / 木兰纲 / 桃金娘目 / 柳叶菜科 / 山桃草属
分　　布： 原产于北美，我国北京、山东、南京、浙江、江西、香港等地有引种，并逸为野生。

白杜 *Euonymus maackii*

中文种名： 白杜
拉丁学名： *Euonymus maackii*
分类地位： 被子植物门 / 木兰纲 / 卫矛目 / 卫矛科 / 卫矛属
分　　布： 分布广泛，北起我国黑龙江包括华北、内蒙古各地，南到长江南岸各地，西至甘肃，除陕西、西南和广东、广西两省区未见野生外，其他各地均有，但长江以南地区常以栽培为主。

冬青卫矛 *Euonymus japonicus*

中文种名： 冬青卫矛
拉丁学名： *Euonymus japonicus*
分类地位： 被子植物门 / 木兰纲 / 卫矛目 / 卫矛科 / 卫矛属
分　　布： 我国南北各地均有栽培，最先于日本发现，引入栽培，用于观赏或作绿篱。

扶芳藤 *Euonymus fortunei*

中文种名： 扶芳藤
拉丁学名： *Euonymus fortunei*
分类地位： 被子植物门 / 木兰纲 / 卫矛目 / 卫矛科 / 卫矛属
分　　布： 分布于我国江苏、浙江、安徽、江西、湖北、湖南、四川、陕西等地。生长于山坡丛林中。

黄杨 *Buxus sinica*

中文种名：黄杨
拉丁学名：*Buxus sinica*
分类地位：被子植物门 / 木兰纲 / 大戟目 / 黄杨科 / 黄杨属
分　　布：分布于我国陕西、甘肃、湖北、四川、贵州、广西、广东、江西、浙江、安徽、江苏、山东等地，有部分属于栽培。多生长于海拔 1 200 ～ 2 600 米的山谷、溪边、林下。

地锦草 *Euphorbia humifusa*

中文种名：地锦草
拉丁学名：*Euphorbia humifusa*
分类地位：被子植物门 / 木兰纲 / 大戟目 / 大戟科 / 大戟属
分　　布：除海南外，分布于我国其他地区。生长于原野荒地、路旁、田间、沙丘、海滩、山坡等地，常见于长江以北地区。

斑地锦 *Euphorbia maculata*

中文种名：斑地锦
拉丁学名：*Euphorbia maculata*
分类地位：被子植物门 / 木兰纲 / 大戟目 / 大戟科 / 大戟属
分　　布：原产于北美，归化于欧亚大陆；分布于我国江苏、江西、浙江、湖北、河南、河北和台湾。生长于平原或低山坡的路旁。

乳浆大戟 *Euphorbia esula*

中文种名：乳浆大戟
拉丁学名：*Euphorbia esula*
分类地位：被子植物门 / 木兰纲 / 大戟目 / 大戟科 / 大戟属
分　　布：分布于我国大部分地区（除海南、贵州、云南和西藏外）。生长于路旁、杂草丛、山坡、林下、河沟边、荒山、沙丘及草地。

泽漆 *Euphorbia helioscopia*

中文种名： 泽漆
拉丁学名： *Euphorbia helioscopia*
分类地位： 被子植物门 / 木兰纲 / 大戟目 / 大戟科 / 大戟属
分　　布： 广泛分布于我国大部分地区（除黑龙江、吉林、内蒙古、广东、海南、台湾、新疆、西藏外）。较常见于山沟、路旁、荒野和山坡。

铁苋菜 *Acalypha australis*

中文种名： 铁苋菜
拉丁学名： *Acalypha australis*
分类地位： 被子植物门 / 木兰纲 / 大戟目 / 大戟科 / 铁苋菜属
分　　布： 除西部高原或干燥地区外，我国大部分地区均有分布。生长于海拔 20 ～ 1 200（～ 1 900）米平原或山坡较湿润的耕地和空旷草地，有时生长于石灰岩山疏林下。

一叶萩 *Flueggea suffruticosa*

中文种名： 一叶萩
拉丁学名： *Flueggea suffruticosa*
分类地位： 被子植物门 / 木兰纲 / 大戟目 / 大戟科 / 白饭树属
分　　布： 除西北尚未发现外，我国其他地区均有分布，生长于海拔 800 ～ 2 500 米的山坡灌丛中或山沟、路边。

酸枣 *Ziziphus jujuba* var. *spinosa*

中文种名： 酸枣
拉丁学名： *Ziziphus jujuba* var. *spinosa*
分类地位： 被子植物门 / 木兰纲 / 鼠李目 / 鼠李科 / 枣属
分　　布： 分布于我国辽宁、内蒙古、河北、山东、山西、河南、陕西、甘肃、宁夏、新疆、江苏、安徽等地。常生长于向阳、干燥山坡、丘陵、岗地或平原。

爬山虎 *Parthenocissus tricuspidata*

中文种名： 爬山虎
拉丁学名： *Parthenocissus tricuspidata*
分类地位： 被子植物门 / 木兰纲 / 鼠李目 / 葡萄科 / 地锦属
分　　布： 分布于我国吉林、辽宁、河北、河南、山东、安徽、江苏、浙江、福建、台湾。生长于海拔 150 ～ 1 200 米的山坡崖石壁或灌木丛。

五叶地锦 *Parthenocissus quinquefolia*

中文种名： 五叶地锦
拉丁学名： *Parthenocissus quinquefolia*
分类地位： 被子植物门 / 木兰纲 / 鼠李目 / 葡萄科 / 地锦属
分　　布： 我国东北、华北各地均有栽培。

山葡萄 *Vitis amurensis*

中文种名： 山葡萄
拉丁学名： *Vitis amurensis*
分类地位： 被子植物门 / 木兰纲 / 鼠李目 / 葡萄科 / 葡萄属
分　　布： 分布于我国黑龙江、吉林、辽宁、河北、山西、山东、安徽、浙江。生长于海拔 200 ～ 2100 米的山坡、沟谷林中或灌丛。

乌蔹莓 *Cayratia japonica*

中文种名： 乌蔹莓
拉丁学名： *Cayratia japonica*
分类地位： 被子植物门 / 木兰纲 / 鼠李目 / 葡萄科 / 乌蔹莓属
分　　布： 分布于我国陕西、河南、山东、安徽、江苏、浙江、湖北、湖南、福建、台湾、广东、广西、海南、四川、贵州、云南。生长于海拔 300 ～ 2 500 米的山谷林中或山坡灌丛。

栾树 *Koelreuteria paniculata*

中文种名： 栾树
拉丁学名： *Koelreuteria paniculata*
分类地位： 被子植物门 / 木兰纲 / 无患子目 / 无患子科 / 栾树属
分　　布： 分布于我国大部分省市自治区，东北自辽宁起经中部至西南部的云南。

毛黄栌 *Cotinus coggygria* var. *pubescens*

中文种名： 毛黄栌
拉丁学名： *Cotinus coggygria* var. *pubescens*
分类地位： 被子植物门 / 木兰纲 / 无患子目 / 漆树科 / 黄栌属
分　　布： 分布于我国贵州、四川、甘肃、陕西、山西、山东、河南、湖北、江苏、浙江。生长于海拔 800 ～ 1 500 米的山坡林中。

火炬树 *Rhus typhina*

中文种名： 火炬树
拉丁学名： *Rhus typhina*
分类地位： 被子植物门 / 木兰纲 / 无患子目 / 漆树科 / 盐肤木属
分　　布： 原产于北美，常在开阔的沙土或砾质土壤上生长。我国山东、河北、山西、陕西、宁夏、上海等 20 多个省市自治区有栽培。

臭椿 *Ailanthus altissima*

中文种名： 臭椿
拉丁学名： *Ailanthus altissima*
分类地位： 被子植物门 / 木兰纲 / 无患子目 / 苦木科 / 臭椿属
分　　布： 除黑龙江、吉林、新疆、青海、宁夏、甘肃和海南外，我国大部分地区均有分布。

楝 *Melia azedarach*

中文种名：楝
拉丁学名：*Melia azedarach*
分类地位：被子植物门 / 木兰纲 / 无患子目 / 楝科 / 楝属
分　　布：分布在我国黄河以南各地，较常见；生长于低海拔旷野、路旁或疏林中，目前已广泛栽培。

小果白刺 *Nitraria sibirica*

中文种名：小果白刺
拉丁学名：*Nitraria sibirica*
分类地位：被子植物门 / 木兰纲 / 无患子目 / 蒺藜科 / 白刺属
分　　布：分布于我国的沙漠地区；华北及东北沿海沙区也有分布。生长于湖盆边缘沙地、盐渍化沙地、沿海盐化沙地。

蒺藜 *Tribulus terrestris*

中文种名：蒺藜
拉丁学名：*Tribulus terrestris*
分类地位：被子植物门 / 木兰纲 / 无患子目 / 蒺藜科 / 蒺藜属
分　　布：全球温带地区都有，我国各地均有分布。生长于沙地、荒地、山坡、居民点附近。

酢浆草 *Oxalis corniculata*

中文种名：酢浆草
拉丁学名：*Oxalis corniculata*
分类地位：被子植物门 / 木兰纲 / 牻牛儿苗目 / 酢浆草科 / 酢浆草属
分　　布：在我国广泛分布。生长于山坡草池、河谷沿岸、路边、田边、荒地或林下阴湿处等。

牻牛儿苗 *Erodium stephanianum*

中文种名： 牻牛儿苗
拉丁学名： *Erodium stephanianum*
分类地位： 被子植物门 / 木兰纲 / 牻牛儿苗目 / 牻牛儿苗科 / 牻牛儿苗属
分　　布： 分布于我国长江中下游以北的华北、东北、西北、四川西北和西藏。生长于干山坡、农田边、砂质河滩地和草原凹地等处。

芹叶牻牛儿苗 *Erodium cicutarium*

中文种名： 芹叶牻牛儿苗
拉丁学名： *Erodium cicutarium*
分类地位： 被子植物门 / 木兰纲 / 牻牛儿苗目 / 牻牛儿苗科 / 牻牛儿苗属
分　　布： 分布于我国东北、华北、江苏北部、西北、四川西北和西藏西部。生长于山地沙砾质山坡、砂质平原草地和干河谷等处。

野老鹳草 *Geranium carolinianum*

中文种名： 野老鹳草
拉丁学名： *Geranium carolinianum*
分类地位： 被子植物门 / 木兰纲 / 牻牛儿苗目 / 牻牛儿苗科 / 老鹳草属
分　　布： 原产于美洲，我国为逸生。分布于我国山东、安徽、江苏、浙江、江西、湖南、湖北、四川和云南。生长于平原和低山荒坡杂草丛中。

地梢瓜 *Cynanchum thesioides*

中文种名： 地梢瓜
拉丁学名： *Cynanchum thesioides*
分类地位： 被子植物门 / 木兰纲 / 龙胆目 / 萝藦科 / 鹅绒藤属
分　　布： 分布于我国黑龙江、吉林、辽宁、内蒙古、河北、河南、山东、山西、陕西、甘肃、新疆和江苏等地。生长于海拔 200 ~ 2 000 米的山坡、沙丘或干旱山谷、荒地、田边等处。

萝藦 *Metaplexis japonica*

中文种名：萝藦
拉丁学名：*Metaplexis japonica*
分类地位：被子植物门 / 木兰纲 / 龙胆目 / 萝藦科 / 萝藦属
分　　布：分布于我国东北、华北、华东和甘肃、陕西、贵州、河南和湖北等地。生长于林边荒地、山脚、河边、路旁灌木丛中。

番茄 *Lycopersicon esculentum*

中文种名：番茄
拉丁学名：*Lycopersicon esculentum*
分类地位：被子植物门 / 木兰纲 / 茄目 / 茄科 / 番茄属
分　　布：原产于南美洲地区，在我国南北各地广泛栽培。

枸杞 *Lycium chinense*

中文种名：枸杞
拉丁学名：*Lycium chinense*
分类地位：被子植物门 / 木兰纲 / 茄目 / 茄科 / 枸杞属
分　　布：分布于我国东北、河北、山西、陕西、甘肃南部以及西南、华中、华南和华东各地。常生长于山坡、荒地、丘陵地、盐碱地、路旁及村边宅旁。

毛曼陀罗 *Datura innoxia*

中文种名：毛曼陀罗
拉丁学名：*Datura innoxia*
分类地位：被子植物门 / 木兰纲 / 茄目 / 茄科 / 曼陀罗属
分　　布：在我国大连、北京、上海、南京等许多城市均有栽培，新疆阿尔泰地区、河北、山东、河南、湖北、江苏等地有野生。常生长于村边、路旁。

龙葵 *Solanum nigrum*

中文种名： 龙葵
拉丁学名： *Solanum nigrum*
分类地位： 被子植物门 / 木兰纲 / 茄目 / 茄科 / 茄属
分　　布： 我国几乎各地均有分布。喜生长于田边、荒地及村庄附近。

打碗花 *Calystegia hederacea*

中文种名： 打碗花
拉丁学名： *Calystegia hederacea*
分类地位： 被子植物门 / 木兰纲 / 茄目 / 旋花科 / 打碗花属
分　　布： 分布于全国各地。从平原至高海拔地方都有生长，为农田、荒地、路旁常见杂草。

肾叶打碗花 *Calystegia soldanella*

中文种名： 肾叶打碗花
拉丁学名： *Calystegia soldanella*
分类地位： 被子植物门 / 木兰纲 / 茄目 / 旋花科 / 打碗花属
分　　布： 分布于我国辽宁、河北、山东、江苏、浙江、台湾等沿海地区。生长于海滨沙地或海岸岩石缝中。

藤长苗 *Calystegia pellita*

中文种名： 藤长苗
拉丁学名： *Calystegia pellita*
分类地位： 被子植物门 / 木兰纲 / 茄目 / 旋花科 / 打碗花属
分　　布： 分布于我国黑龙江、辽宁、河北、山西、陕西、甘肃、新疆、山东、河南、湖北、安徽、江苏、四川东北部。生长于海拔 380 ~ 700 (1 700) 米的平原路边、田边杂草中或山坡草丛中。

牵牛 *Ipomoea nil*

中文种名： 牵牛
拉丁学名： *Ipomoea nil*
分类地位： 被子植物门 / 木兰纲 / 茄目 / 旋花科 / 番薯属
分　　布： 除西北和东北外，我国大部分地区都有分布。生长于海拔 100 ～ 200 (1 600) 米的山坡灌丛、干燥河谷路边、园边宅旁、山地路边，或为栽培。

田旋花 *Convolvulus arvensis*

中文种名： 田旋花
拉丁学名： *Convolvulus arvensis*
分类地位： 被子植物门 / 木兰纲 / 茄目 / 旋花科 / 旋花属
分　　布： 分布于我国吉林、黑龙江、辽宁、河北、河南、山东、山西、陕西、甘肃、宁夏、新疆、内蒙古、江苏、四川、青海、西藏等地。生长于耕地及荒坡草地上。

菟丝子 *Cuscuta chinensis*

中文种名： 菟丝子
拉丁学名： *Cuscuta chinensis*
分类地位： 被子植物门 / 木兰纲 / 茄目 / 菟丝子科 / 菟丝子属
分　　布： 分布于我国黑龙江、吉林、辽宁、河北、山西、陕西、宁夏、甘肃、内蒙古、新疆、山东、江苏、安徽、河南、浙江、福建、四川、云南等地。生长于海拔 200 ～ 3 000 米的田边、山坡阳处、路边灌丛或海边沙丘。通常寄生于豆科、菊科、蒺藜科等多种植物上。

多苞斑种草 *Bothriospermum secundum*

中文种名： 多苞斑种草
拉丁学名： *Bothriospermum secundum*
分类地位： 被子植物门 / 木兰纲 / 唇形目 / 紫草科 / 斑种草属
分　　布： 分布于我国东北、河北、山东、山西、陕西、甘肃、江苏及云南。生长于海拔 250 ～ 2 100 米的山坡、道旁、河床、农田路边及山坡林缘灌木林下、山谷溪边阴湿处等。

砂引草 *Messerschmidia sibirica*

中文种名： 砂引草

拉丁学名： *Messerschmidia sibirica*

分类地位： 被子植物门 / 木兰纲 / 唇形目 / 紫草科 / 砂引草属

分　　布： 分布于我国东北、河北、河南、山东、陕西、甘肃、宁夏等地。生长于海拔 4 ~ 1 930 米的海滨沙地、干旱荒漠及山坡道旁。

细叶砂引草 *Messerschmidia sibirica* var. *angustior*

中文种名： 细叶砂引草

拉丁学名： *Messerschmidia sibirica* var. *angustior*

分类地位： 被子植物门 / 木兰纲 / 唇形目 / 紫草科 / 砂引草属

分　　布： 分布于我国宁夏、陕西、内蒙古、河北、山东、山西、河南、辽宁、黑龙江。生长于海拔 450 ~ 1 900 米的干旱山坡、路边及河边沙地。

田紫草 *Lithospermum arvense*

中文种名： 田紫草

拉丁学名： *Lithospermum arvense*

分类地位： 被子植物门 / 木兰纲 / 唇形目 / 紫草科 / 紫草属

分　　布： 分布于我国黑龙江、吉林、辽宁、河北、山东、山西、江苏、浙江、安徽、湖北、陕西、甘肃及新疆。生长于丘陵、低山草坡或田边。

附地菜 *Trigonotis peduncularis*

中文种名： 附地菜

拉丁学名： *Trigonotis peduncularis*

分类地位： 被子植物门 / 木兰纲 / 唇形目 / 紫草科 / 附地菜属

分　　布： 分布于我国西藏、云南、广西北部、江西、福建、新疆、甘肃、内蒙古、东北等地。生长于平原、丘陵草地、林缘、田间及荒地。

鹤虱 *Lappula myosotis*

中文种名：鹤虱
拉丁学名：*Lappula myosotis*
分类地位：被子植物门 / 木兰纲 / 唇形目 / 紫草科 / 鹤虱属
分　　布：分布于我国华北、西北、内蒙古西部等地。生长于草地、山坡草地等处。

海州常山 *Clerodendrum trichotomum*

中文种名：海州常山
拉丁学名：*Clerodendrum trichotomum*
分类地位：被子植物门 / 木兰纲 / 唇形目 / 马鞭草科 / 大青属
分　　布：分布于我国辽宁、甘肃、陕西以及华北、中南、西南各地。生长于海拔 2400 米以下的山坡灌丛中。

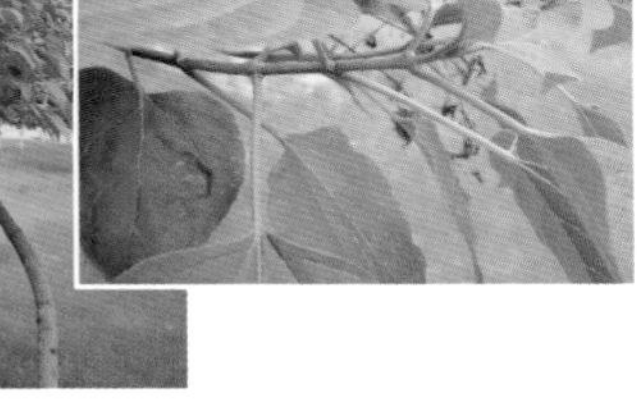

黄荆 *Vitex negundo*

中文种名：黄荆
拉丁学名：*Vitex negundo*
分类地位：被子植物门 / 木兰纲 / 唇形目 / 马鞭草科 / 牡荆属
分　　布：主要分布于我国长江以南各地，北达秦岭淮河。生长于山坡、路旁或灌丛中。

荆条 *Vitex negundo* var. *heterophylla*

中文种名：荆条
拉丁学名：*Vitex negundo* var. *heterophylla*
分类地位：被子植物门 / 木兰纲 / 唇形目 / 马鞭草科 / 牡荆属
分　　布：分布于我国辽宁、河北、山西、山东、河南、陕西、甘肃、江苏、安徽、江西、湖南、贵州、四川。生长于山坡、路旁。

京黄芩 *Scutellaria pekinensis*

中文种名： 京黄芩
拉丁学名： *Scutellaria pekinensis*
分类地位： 被子植物门 / 木兰纲 / 唇形目 / 唇形科 / 黄芩属
分　　布： 分布于我国吉林、河北、山东、河南、陕西、浙江等地。生长于海拔 600 ～ 1 800 米的石坡、潮湿谷地或林下。

夏至草 *Lagopsis supina*

中文种名： 夏至草
拉丁学名： *Lagopsis supina*
分类地位： 被子植物门 / 木兰纲 / 唇形目 / 唇形科 / 夏至草属
分　　布： 分布于我国黑龙江、吉林、辽宁、内蒙古、河北、河南、山西、山东、浙江、江苏、安徽、湖北、陕西、甘肃、新疆、青海、四川、贵州、云南等地。生长于路旁、旷地上及西北、西南各省区海拔高达 2 600 米以上的地区。

益母草 *Leonurus artemisia*

中文种名： 益母草
拉丁学名： *Leonurus artemisia*
分类地位： 被子植物门 / 木兰纲 / 唇形目 / 唇形科 / 益母草属
分　　布： 分布于我国各地。生长于多种生境，尤以阳处为多，海拔可高达 3 400 米。

长叶车前 *Plantago lanceolata*

中文种名： 长叶车前
拉丁学名： *Plantago lanceolata*
分类地位： 被子植物门 / 木兰纲 / 车前目 / 车前科 / 车前属
分　　布： 分布于我国辽宁、甘肃、新疆、山东、江苏、浙江、江西、云南等地。生长于海拔 3 ～ 900 米的海滩、河滩、草原湿地、山坡多石处或砂质地、路边、荒地。

车前 *Plantago asiatica*

中文种名： 车前

拉丁学名： *Plantago asiatica*

分类地位： 被子植物门 / 木兰纲 / 车前目 / 车前科 / 车前属

分　　布： 分布于我国黑龙江、吉林、辽宁、内蒙古、河北、山西、陕西、甘肃、新疆、山东、江苏、安徽、浙江、江西、福建、台湾、河南、湖北、湖南、广东、广西、海南、四川、贵州、云南、西藏。生长于草地、沟边、河岸湿地、田边、路旁或村边空旷处。

大车前 *Plantago major*

中文种名： 大车前

拉丁学名： *Plantago major*

分类地位： 被子植物门 / 木兰纲 / 车前目 / 车前科 / 车前属

分　　布： 分布于我国黑龙江、吉林、辽宁、内蒙古、河北、山西、陕西、甘肃、青海、新疆、山东、江苏、福建、台湾、广西、海南、四川、云南、西藏。生长于草地、草甸、河滩、沟边、沼泽地、山坡、路旁、田边或荒地。

平车前 *Plantago depressa*

中文种名： 平车前

拉丁学名： *Plantago depressa*

分类地位： 被子植物门 / 木兰纲 / 车前目 / 车前科 / 车前属

分　　布： 分布于我国黑龙江、吉林、辽宁、内蒙古、河北、山西、陕西、宁夏、甘肃、青海、新疆、山东、江苏、河南、安徽、江西、湖北、四川、云南、西藏。生长于草地、河滩、沟边、草甸、田间及路旁。·

白蜡 *Fraxinus chinensis*

中文种名： 白蜡

拉丁学名： *Fraxinus chinensis*

分类地位： 被子植物门 / 木兰纲 / 玄参目 / 木犀科 / 梣属

分　　布： 分布于我国南北各地。多为栽培，也见于海拔 800 ~ 1 600 米的山地杂木林中。

白丁香 *Syringa oblata* var. *alba*

中文种名： 白丁香
拉丁学名： *Syringa oblata* var. *alba*
分类地位： 被子植物门 / 木兰纲 / 玄参目 / 木犀科 / 丁香属
分　　布： 我国长江流域以北普遍栽培。

紫丁香 *Syringa oblata*

中文种名： 紫丁香
拉丁学名： *Syringa oblata*
分类地位： 被子植物门 / 木兰纲 / 玄参目 / 木犀科 / 丁香属
分　　布： 分布于我国东北、华北、西北（除新疆）以至西南达四川西北部地区。生长于山坡丛林、山沟溪边、山谷路旁及滩地水边。

连翘 *Forsythia suspensa*

中文种名： 连翘
拉丁学名： *Forsythia suspensa*
分类地位： 被子植物门 / 木兰纲 / 玄参目 / 木犀科 / 连翘属
分　　布： 分布于我国河北、山西、陕西、山东、安徽、河南、湖北、四川。生长于山坡灌丛、林下或草丛中，或山谷、山沟疏林中。

迎春 *Jasminum nudiflorum*

中文种名： 迎春
拉丁学名： *Jasminum nudiflorum*
分类地位： 被子植物门 / 木兰纲 / 玄参目 / 木犀科 / 素馨属
分　　布： 分布于我国甘肃、陕西、四川、云南西北部，西藏东南部。生长于山坡灌丛中。

金叶女贞 *Ligustrum vicaryi*

中文种名： 金叶女贞
拉丁学名： *Ligustrum vicaryi*
分类地位： 被子植物门 / 木兰纲 / 玄参目 / 木犀科 / 女贞属
分　　布： 适应性强，对土壤要求不严格，在我国长江以南及黄河流域等地的气候条件下均能适应，生长良好。

地黄 *Rehmannia glutinosa*

中文种名： 地黄
拉丁学名： *Rehmannia glutinosa*
分类地位： 被子植物门 / 木兰纲 / 玄参目 / 玄参科 / 地黄属
分　　布： 分布于我国辽宁、河北、河南、山东、山西、陕西、甘肃、内蒙古、江苏、湖北等地。生长于海拔 50 ～ 1 100 米的砂质壤土、荒山坡、山脚、墙边、路旁等处。

毛泡桐 *Paulownia tomentosa*

中文种名： 毛泡桐
拉丁学名： *Paulownia tomentosa*
分类地位： 被子植物门 / 木兰纲 / 玄参目 / 玄参科 / 泡桐属
分　　布： 分布于我国辽宁南部、河北、河南、山东、江苏、安徽、湖北、江西等地，通常栽培，在西部地区有野生。

婆婆纳 *Veronica didyma*

中文种名： 婆婆纳
拉丁学名： *Veronica didyma*
分类地位： 被子植物门 / 木兰纲 / 玄参目 / 玄参科 / 婆婆纳属
分　　布： 分布于我国华东、华中、西南、西北等地，在北京常见。生长于荒地。

通泉草 *Mazus japonicus*

中文种名： 通泉草
拉丁学名： *Mazus japonicus*
分类地位： 被子植物门 / 木兰纲 / 玄参目 / 玄参科 / 通泉草属
分　　布： 分布遍及我国，仅内蒙古、宁夏、青海及新疆未见标本。生长于海拔 2 500 米以下湿润的草坡、沟边、路旁及林缘。

厚萼凌霄 *Campsis radicans*

中文种名： 厚萼凌霄
拉丁学名： *Campsis radicans*
分类地位： 被子植物门 / 木兰纲 / 玄参目 / 玄参科 / 凌霄属
分　　布： 原产于美洲。分布于我国广西、江苏、浙江、湖南栽培，用作庭园观赏植物。

荠苨 *Adenophora trachelioides*

中文种名： 荠苨
拉丁学名： *Adenophora trachelioides*
分类地位： 被子植物门 / 木兰纲 / 桔梗目 / 桔梗科 / 沙参属
分　　布： 分布于我国辽宁、河北、山东、江苏（北部）、浙江（天目山）、安徽（黄山）等地。

茜草 *Rubia cordifolia*

中文种名： 茜草
拉丁学名： *Rubia cordifolia*
分类地位： 被子植物门 / 木兰纲 / 茜草目 / 茜草科 / 茜草属
分　　布： 分布于我国东北、华北、西北和四川（北部）及西藏（昌都地区）等地。常生长于疏林、林缘、灌丛或草地上。

拉拉藤 *Galium aparine* var. *echinospermum*

中文种名：拉拉藤
拉丁学名：*Galium aparine* var. *echinospermum*
分类地位：被子植物门 / 木兰纲 / 茜草目 / 茜草科 / 拉拉藤属

分　　布：我国除海南及南海诸岛外，全国其他地区均有分布。生长于海拔 20 ~ 4 600 米的山坡、旷野、沟边、河滩、田中、林缘、草地。

蓬子菜 *Galium verum*

中文种名：蓬子菜
拉丁学名：*Galium verum*
分类地位：被子植物门 / 木兰纲 / 茜草目 / 茜草科 / 拉拉藤属
分　　布：分布于我国黑龙江、吉林、辽宁、内蒙古、河北、山西、陕西、宁夏、甘肃、青海、新疆、山东、江苏、安徽、浙江、河南、湖北、四川、西藏。生长于海拔 40 ~ 4 000 米的山地、河滩、旷野、沟边、草地、灌丛或林下。

金银忍冬 *Lonicera maackii*

中文种名：金银忍冬
拉丁学名：*Lonicera maackii*
分类地位：被子植物门 / 木兰纲 / 川续断目 / 忍冬科 / 忍冬属
分　　布：分布于我国黑龙江、吉林、辽宁三省的东部，河北、山西南部、陕西、甘肃东南部、山东东部和西南部、江苏、安徽、浙江北部、河南、湖北、湖南西北部和西南部、四川东北部、贵州、云南东部至西北部及西藏。生长于林中或林缘溪流附近的灌木丛中。

忍冬 *Lonicera japonica*

中文种名：忍冬
拉丁学名：*Lonicera japonica*
分类地位：被子植物门 / 木兰纲 / 川续断目 / 忍冬科 / 忍冬属
分　　布：除我国黑龙江、内蒙古、宁夏、青海、新疆、海南和西藏无自然生长外，全国其他省区均有分布。生长于山坡灌丛或疏林中、乱石堆、山谷路旁及村庄篱笆边。

全叶马兰 *Kalimeris integrifolia*

中文种名： 全叶马兰
拉丁学名： *Kalimeris integrifolia*
分类地位： 被子植物门 / 木兰纲 / 菊目 / 菊科 / 马兰属
分　　布： 广泛分布于我国西部、中部、东部、北部及东北部地区。也分布于朝鲜、日本、俄罗斯西伯利亚东部。生长于山坡、林缘、灌丛、路旁。

马兰 *Kalimeris indica*

中文种名： 马兰
拉丁学名： *Kalimeris indica*
分类地位： 被子植物门 / 木兰纲 / 菊目 / 菊科 / 马兰属
分　　布： 广泛分布于亚洲南部及东部地区。

小蓬草 *Conyza canadensis*

中文种名： 小蓬草
拉丁学名： *Conyza canadensis*
分类地位： 被子植物门 / 木兰纲 / 菊目 / 菊科 / 白酒草属
分　　布： 原产于北美洲，现在世界各地广泛分布。我国南北各地均有分布。常生长于旷野、荒地、田边和路旁。

野塘蒿 *Conyza bonariensis*

中文种名： 野塘蒿
拉丁学名： *Conyza bonariensis*
分类地位： 被子植物门 / 木兰纲 / 菊目 / 菊科 / 白酒草属
分　　布： 原产于南美洲，现广泛分布于热带及亚热带地区。分布于我国中部、东部、南部至西南部各地。常生长于荒地、田边、路旁，为常见杂草。

一年蓬 *Erigeron annuus*

中文种名： 一年蓬

拉丁学名： *Erigeron annuus*

分类地位： 被子植物门 / 木兰纲 / 菊目 / 菊科 / 飞蓬属

分　　布： 原产于北美洲。在我国已驯化，广泛分布于吉林、河北、河南、山东、江苏、安徽、江西、福建、湖南、湖北、四川和西藏等省区，常生长于路边旷野或山坡荒地。

鼠曲草 *Gnaphalium affine*

中文种名： 鼠曲草

拉丁学名： *Gnaphalium affine*

分类地位： 被子植物门 / 木兰纲 / 菊目 / 菊科 / 鼠曲草属

分　　布： 分布于我国华东、华南、华中、华北、西北及西南等地，在台湾有所分布。生长于低海拔干地或湿润草地上，尤以稻田最常见。

旋覆花 *Inula japonica*

中文种名： 旋覆花

拉丁学名： *Inula japonica*

分类地位： 被子植物门 / 木兰纲 / 菊目 / 菊科 / 旋覆花属

分　　布： 分布于我国北部、东北部、中部、东部各地，在四川、贵州、福建、广东也可见到。生长于海拔 150 ~ 2400 米的山坡路旁、湿润草地、河岸和田埂上。

苍耳 *Xanthium sibiricum*

中文种名： 苍耳

拉丁学名： *Xanthium sibiricum*

分类地位： 被子植物门 / 木兰纲 / 菊目 / 菊科 / 苍耳属

分　　布： 广泛分布于我国东北、华北、华东、华南、西北及西南各地。常生长于平原、丘陵、低山、荒野路边、田边。

鳢肠 *Eclipta prostrata*

中文种名： 鳢肠
拉丁学名： *Eclipta prostrata*
分类地位： 被子植物门 / 木兰纲 / 菊目 / 菊科 / 鳢肠属
分　　布： 世界热带及亚热带地区广泛分布。分布于我国各地。生长于河边、田边或路旁。

菊芋 *Helianthus tuberosus*

中文种名： 菊芋
拉丁学名： *Helianthus tuberosus*
分类地位： 被子植物门 / 木兰纲 / 菊目 / 菊科 / 向日葵属
分　　布： 原产于北美地区，在我国各地广泛栽培。

向日葵 *Helianthus annuus*

中文种名： 向日葵
拉丁学名： *Helianthus annuus*
分类地位： 被子植物门 / 木兰纲 / 菊目 / 菊科 / 向日葵属
分　　布： 原产于北美地区，在世界各国均有栽培。

剑叶金鸡菊 *Coreopsis lanceolata*

中文种名： 剑叶金鸡菊
拉丁学名： *Coreopsis lanceolata*
分类地位： 被子植物门 / 木兰纲 / 菊目 / 菊科 / 金鸡菊属
分　　布： 原产于北美地区。在我国各地庭园常有栽培。

大花金鸡菊 *Coreopsis grandiflora*

中文种名：大花金鸡菊

拉丁学名：*Coreopsis grandiflora*

分类地位：被子植物门 / 木兰纲 / 菊目 / 菊科 / 金鸡菊属

分　　布：原产于美洲地区的观赏植物，在我国各地常有栽培，有时归化逸为野生。

鬼针草 *Bidens pilosa*

中文种名：鬼针草

拉丁学名：*Bidens pilosa*

分类地位：被子植物门 / 木兰纲 / 菊目 / 菊科 / 鬼针草属

分　　布：产于我国华东、华中、华南、西南各地。生长于村旁、路边及荒地中。

小花鬼针草 *Bidens parviflora*

中文种名：小花鬼针草

拉丁学名：*Bidens parviflora*

分类地位：被子植物门 / 木兰纲 / 菊目 / 菊科 / 鬼针草属

分　　布：分布于我国东北、华北、西南及山东、河南、陕西、甘肃等地。生长于路边荒地、林下及水沟边。

金盏银盘 *Bidens biternata*

中文种名：金盏银盘

拉丁学名：*Bidens biternata*

分类地位：被子植物门 / 木兰纲 / 菊目 / 菊科 / 鬼针草属

分　　布：分布于我国华南、华东、华中、西南及河北、山西、辽宁等地。生长于路边、村旁及荒地中。

孔雀草 *Tagetes patula*

中文种名： 孔雀草
拉丁学名： *Tagetes patula*
分类地位： 被子植物门 / 木兰纲 / 菊目 / 菊科 / 万寿菊属
分　　布： 原产于墨西哥，在我国各地庭园常有栽培。在云南中部及西北部、四川中部和西南部及贵州西部均已归化。

万寿菊 *Tagetes erecta*

中文种名： 万寿菊
拉丁学名： *Tagetes erecta*
分类地位： 被子植物门 / 木兰纲 / 菊目 / 菊科 / 万寿菊属
分　　布： 原产于墨西哥。在我国各地均有栽培。在广东和云南南部、东南部已归化。

甘菊 *Chrysanthemum lavandulifolium*

中文种名： 甘菊
拉丁学名： *Chrysanthemum lavandulifolium*
分类地位： 被子植物门 / 木兰纲 / 菊目 / 菊科 / 菊属
分　　布： 分布于我国吉林、辽宁、河北、山东、山西、陕西、甘肃、青海、新疆、江西、江苏、浙江、四川、湖北及云南。生长于海拔 630 ～ 2 800 米的山坡、岩石上、河谷、河岸、荒地及黄土丘陵地。

艾 *Artemisia argyi*

中文种名： 艾
拉丁学名： *Artemisia argyi*
分类地位： 被子植物门 / 木兰纲 / 菊目 / 菊科 / 蒿属
分　　布： 分布广，除极干旱与高寒地区外，几乎遍及全国。生长于低海拔至中海拔地区的荒地、路旁河边及山坡等地，也见于森林草原及草原地区，局部地区为植物群落的优势种。

野艾蒿 *Artemisia lavandulifolia*

中文种名： 野艾蒿
拉丁学名： *Artemisia lavandulifolia*
分类地位： 被子植物门 / 木兰纲 / 菊目 / 菊科 / 蒿属
分　　布： 分布于我国黑龙江、吉林、辽宁、内蒙古、河北、山西、陕西、甘肃、山东、江苏、安徽、江西、河南、湖北、湖南、广东、广西、四川、贵州、云南等地。多生长于低或中海拔地区的路旁、林缘、山坡、草地、山谷、灌丛及河湖滨草地等。

白莲蒿 *Artemisia sacrorum*

中文种名： 白莲蒿
拉丁学名： *Artemisia sacrorum*
分类地位： 被子植物门 / 木兰纲 / 菊目 / 菊科 / 蒿属
分　　布： 除高寒地区外，几乎遍布全国。生长于中、低海拔地区的山坡、路旁、灌丛地及森林草原地区。

黄花蒿 *Artemisia annua*

中文种名： 黄花蒿
拉丁学名： *Artemisia annua*
分类地位： 被子植物门 / 木兰纲 / 菊目 / 菊科 / 蒿属
分　　布： 遍及全国，生境适应性强，东部、南部省区生长在路旁、荒地、山坡、林缘等处；还可生长在草原、森林、干河谷、半荒漠及砾质坡地等，也见于盐渍化的土壤上。

茵陈蒿 *Artemisia capillaris*

中文种名： 茵陈蒿
拉丁学名： *Artemisia capillaris*
分类地位： 被子植物门 / 木兰纲 / 菊目 / 菊科 / 蒿属
分　　布： 分布于我国辽宁、河北、陕西、山东、江苏、安徽、浙江、江西、福建、台湾、河南、湖北、湖南、广东、广西、四川等地。生长于低海拔地区河岸、海岸附近的湿润沙地、路旁及低山坡地区。

猪毛蒿 *Artemisia scoparia*

中文种名： 猪毛蒿
拉丁学名： *Artemisia scoparia*
分类地位： 被子植物门 / 木兰纲 / 菊目 / 菊科 / 蒿属
分　　布： 遍及全国，主要生长于山坡、旷野、路旁等。

欧洲千里光 *Senecio vulgaris*

中文种名： 欧洲千里光
拉丁学名： *Senecio vulgaris*
分类地位： 被子植物门 / 木兰纲 / 菊目 / 菊科 / 千里光属
分　　布： 我国自东北至西南多地有分布，生长于海拔 300 ～ 2 300 米的开阔山坡、草地及路旁。

银叶菊 *Senecio cineraria*

中文种名： 银叶菊
拉丁学名： *Senecio cineraria*
分类地位： 被子植物门 / 木兰纲 / 菊目 / 菊科 / 千里光属
分　　布： 原产于南欧地区，较耐寒，在我国长江流域能露地越冬。

刺儿菜 *Cirsium segetum*

中文种名： 刺儿菜
拉丁学名： *Cirsium segetum*
分类地位： 被子植物门 / 木兰纲 / 菊目 / 菊科 / 蓟属
分　　布： 分布于除我国广东、广西、云南、西藏外的全国大部分地区。生长于山坡、河旁或荒地、田间。

大刺儿菜 *Cirsium setosum*

中文种名：大刺儿菜

拉丁学名：*Cirsium setosum*

分类地位：被子植物门 / 木兰纲 / 菊目 / 菊科 / 蓟属

分　　布：除我国西藏、云南、广东、广西外，几乎遍及全国各地。生长于平原、丘陵和山地，以及山坡、河旁或荒地、田间。

蓟 *Cirsium japonicum*

中文种名：蓟

拉丁学名：*Cirsium japonicum*

分类地位：被子植物门 / 木兰纲 / 菊目 / 菊科 / 蓟属

分　　布：分布于我国河北、山东、陕西、江苏、浙江、江西、湖南、湖北、四川、贵州、云南、广西、广东、福建和台湾。生长于山坡林中、林缘、灌丛中、草地、荒地、田间、路旁或溪旁。

白花大蓟 *Cirsium japonicum* f. *albiflorum*

中文种名：白花大蓟

拉丁学名：*Cirsium japonicum* f. *albiflorum*

分类地位：被子植物门 / 木兰纲 / 菊目 / 菊科 / 蓟属

分　　布：本种首次发现于我国浙江普陀山。本次植物调查发现于我国山东蓬莱长岛自然保护区北长山岛。生长于林缘、草丛、山地中。

泥胡菜 *Hemisteptia lyrata*

中文种名：泥胡菜

拉丁学名：*Hemisteptia lyrata*

分类地位：被子植物门 / 木兰纲 / 菊目 / 菊科 / 泥胡菜属

分　　布：除我国新疆、西藏外，几乎遍布全国。普遍生长于山坡、山谷、平原、丘陵、林缘、林下、草地、荒地、田间、河边、路旁等处。

细叶鸦葱 *Scorzonera pusilla*

中文种名： 细叶鸦葱
拉丁学名： *Scorzonera pusilla*
分类地位： 被子植物门 / 木兰纲 / 菊目 / 菊科 / 鸦葱属
分　　布： 分布于我国新疆。生长于海拔 540 ～ 3 370 米的石质山坡、荒漠砾石地、平坦沙地、半固定沙丘、盐碱地、路边、荒地、山前平原及砂质冲积平原。

蒙古鸦葱 *Scorzonera mongolica*

中文种名： 蒙古鸦葱
拉丁学名： *Scorzonera mongolica*
分类地位： 被子植物门 / 木兰纲 / 菊目 / 菊科 / 鸦葱属
分　　布： 分布于我国辽宁、河北、山西、陕西、宁夏、甘肃、青海、新疆、山东、河南。生长于盐化草甸、盐化沙地、盐碱地、干湖盆、湖盆边缘、草滩及河滩地。

桃叶鸦葱 *Scorzonera sinensis*

中文种名： 桃叶鸦葱
拉丁学名： *Scorzonera sinensis*
分类地位： 被子植物门 / 木兰纲 / 菊目 / 菊科 / 鸦葱属
分　　布： 分布于我国北京、辽宁、内蒙古、河北、山西、陕西、宁夏、甘肃、山东、江苏、安徽、河南。生长于海拔 280 ～ 2 500 米的山坡、丘陵地、沙丘、荒地或灌木林下。

黄鹌菜 *Youngia japonica*

中文种名： 黄鹌菜
拉丁学名： *Youngia japonica*
分类地位： 被子植物门 / 木兰纲 / 菊目 / 菊科 / 黄鹌菜属
分　　布： 分布于我国北京、陕西、甘肃、山东、江苏、安徽、浙江、江西、福建、河南、湖北、湖南、广东、广西、四川、云南、西藏等地。生长于山坡、山谷及山沟林缘、林下、林间草地及潮湿地、河边沼泽地、田间与荒地上。

苦苣菜 *Sonchus oleraceus*

中文种名：苦苣菜
拉丁学名：*Sonchus oleraceus*
分类地位：被子植物门 / 木兰纲 / 菊目 / 菊科 / 苦苣菜属
分　　布：几遍全球分布。生长于山坡或山谷林缘、林下或平地田间、空旷处或近水处。

苣荬菜 *Sonchus arvensis*

中文种名：苣荬菜
拉丁学名：*Sonchus arvensis*
分类地位：被子植物门 / 木兰纲 / 菊目 / 菊科 / 苦苣菜属
分　　布：几遍全球分布。生长于山坡草地、林间草地、潮湿地或近水旁、村边或河边砾石滩。

花叶滇苦菜 *Sonchus asper*

中文种名：花叶滇苦菜
拉丁学名：*Sonchus asper*
分类地位：被子植物门 / 木兰纲 / 菊目 / 菊科 / 苦苣菜属
分　　布：分布于我国新疆、山东、江苏、安徽、浙江、江西、湖北、四川、云南、西藏等地。生长于山坡、林缘及水边。

乳苣 *Mulgedium tataricum*

中文种名：乳苣
拉丁学名：*Mulgedium tataricum*
分类地位：被子植物门 / 木兰纲 / 菊目 / 菊科 / 乳苣属
分　　布：分布于我国辽宁、内蒙古、河北、山西、陕西、甘肃、青海、新疆、河南、山东、西藏。生长于海拔 1 200 ~ 4 300 米的河滩、湖边、草甸、田边、固定沙丘或砾石地。

苦荬菜 *Ixeris polycephala*

中文种名： 苦荬菜

拉丁学名： *Ixeris polycephala*

分类地位： 被子植物门 / 木兰纲 / 菊目 / 菊科 / 苦荬菜属

分　　布： 分布于我国陕西、江苏、山东、浙江、福建、安徽、台湾、江西、湖南、广东、广西、贵州、四川、云南。生长于山坡林缘、灌丛、草地、田野路旁。

中华小苦荬 *Ixeridium chinense*

中文种名： 中华小苦荬

拉丁学名： *Ixeridium chinense*

分类地位： 被子植物门 / 木兰纲 / 菊目 / 菊科 / 小苦荬属

分　　布： 分布于我国黑龙江、山西、陕西、山东、江苏、安徽、浙江、江西、福建、台湾、河南、四川、贵州、云南、西藏。生长于山坡路旁、田野、河边灌丛或岩石缝隙中。

抱茎小苦荬 *Ixeridium sonchifolium*

中文种名： 抱茎小苦荬

拉丁学名： *Ixeridium sonchifolium*

分类地位： 被子植物门 / 木兰纲 / 菊目 / 菊科 / 小苦荬属

分　　布： 分布于我国辽宁、河北、山西、内蒙古、陕西、甘肃、山东、江苏、浙江、河南、湖北、四川、贵州。生长于海拔 100 ～ 2 700 米的山坡或平原路旁、林下、河滩地、岩石上或庭院中。

窄叶小苦荬 *Ixeridium gramineum*

中文种名： 窄叶小苦荬

拉丁学名： *Ixeridium gramineum*

分类地位： 被子植物门 / 木兰纲 / 菊目 / 菊科 / 小苦荬属

分　　布： 分布于我国黑龙江、吉林、内蒙古、河北、山西、陕西、甘肃、青海、新疆、山东、江苏、浙江、江西、福建、河南、湖北、湖南、广东、四川、贵州、云南、西藏。生长于海拔 100 ～ 4 000 米的山坡草地、林缘、林下、河边、沟边、荒地及沙地上。

蒲公英 *Taraxacum mongolicum*

中文种名： 蒲公英
拉丁学名： *Taraxacum mongolicum*
分类地位： 被子植物门 / 木兰纲 / 菊目 / 菊科 / 蒲公英属
分　　布： 分布于我国黑龙江、吉林、辽宁、内蒙古、河北、山西、陕西、甘肃、青海、山东、江苏、安徽、浙江、福建北部、台湾、河南、湖北、湖南、广东北部、四川、贵州、云南等地。广泛生长于中、低海拔地区的山坡草地、路边、田野、河滩。

慈姑 *Sagittaria trifolia* var. *sinensis*

中文种名： 慈姑
拉丁学名： *Sagittaria trifolia* var. *sinensis*
分类地位： 被子植物门 / 百合纲 / 泽泻目 / 泽泻科 / 慈姑属
分　　布： 分布于我国长江流域及其以南各地，太湖沿岸及珠江三角洲为主产区，北方地区有少量栽培。

半夏 *Pinellia ternata*

中文种名： 半夏
拉丁学名： *Pinellia ternata*
分类地位： 被子植物门 / 百合纲 / 天南星目 / 天南星科 / 半夏属
分　　布： 除我国内蒙古、新疆、青海、西藏尚未发现野生的外，全国广泛分布。在海拔 2 500 米以下，常见于草坡、荒地、玉米地、田边或疏林下，为旱地中的杂草之一。

灯心草 *Juncus effusus*

中文种名： 灯心草
拉丁学名： *Juncus effusus*
分类地位： 被子植物门 / 百合纲 / 灯心草目 / 灯心草科 / 灯心草属
分　　布： 分布于我国黑龙江、吉林、辽宁、河北、陕西、甘肃、山东、江苏、安徽、浙江、江西、福建、台湾、河南、湖北、湖南、广东、广西、四川、贵州、云南、西藏。生长于海拔 1 650 ～ 3 400 米的河边、池旁、水沟、稻田旁、草地及沼泽湿处。

水葱 *Scirpus validus*

中文种名： 水葱
拉丁学名： *Scirpus validus*
分类地位： 被子植物门 / 百合纲 / 莎草目 / 莎草科 / 藨草属
分　　布： 分布于我国东北各省、内蒙古、山东、山西、陕西、甘肃、新疆、河北、江苏、贵州、四川、云南。生长于湖边或浅水塘中。

扁秆藨草 *Scirpus planiculmis*

中文种名： 扁秆藨草
拉丁学名： *Scirpus planiculmis*
分类地位： 被子植物门 / 百合纲 / 莎草目 / 莎草科 / 藨草属
分　　布： 分布于我国东北各省、内蒙古、山东、河北、河南、山西、青海、甘肃、江苏、浙江、云南。生长于湖边、河边近水处，在海拔 2 ～ 1 600 米处都能生长。

糙叶薹草 *Carex scabrifolia*

中文种名： 糙叶薹草
拉丁学名： *Carex scabrifolia*
分类地位： 被子植物门 / 百合纲 / 莎草目 / 莎草科 / 薹草属
分　　布： 分布于我国辽宁、河北、山东、江苏、浙江、福建、台湾。生长于海滩沙地或沿海地区的湿地与田边。

白颖薹草 *Carex duriuscula* subsp. *rigescens*

中文种名： 白颖薹草
拉丁学名： *Carex duriuscula* subsp. *rigescens*
分类地位： 被子植物门 / 百合纲 / 莎草目 / 莎草科 / 薹草属
分　　布： 分布于我国辽宁、吉林、内蒙古、河北、山西、河南、山东、陕西、甘肃、宁夏、青海。生长于山坡、半干旱地区或草原上。

矮生薹草 *Carex pumila*

中文种名： 矮生薹草
拉丁学名： *Carex pumila*
分类地位： 被子植物门 / 百合纲 / 莎草目 / 莎草科 / 薹草属
分　　布： 分布于我国辽宁、河北、山东、江苏、浙江、福建、台湾等沿海地区的海边沙地。

香附子 *Cyperus rotundus*

中文种名： 香附子
拉丁学名： *Cyperus rotundus*
分类地位： 被子植物门 / 百合纲 / 莎草目 / 莎草科 / 莎草属
分　　布： 分布于我国陕西、甘肃、山西、河南、河北、山东、江苏、浙江、江西、安徽、云南、贵州、四川、福建、广东、广西、台湾等地。生长于山坡荒地草丛中或水边潮湿处。

淡竹 *Phyllostachys glauca*

中文种名： 淡竹
拉丁学名： *Phyllostachys glauca*
分类地位： 被子植物门 / 百合纲 / 莎草目 / 禾本科 / 刚竹属
分　　布： 分布于我国黄河流域至长江流域各地，是常见的栽培竹种之一。

稗 *Echinochloa crusgalli*

中文种名： 稗
拉丁学名： *Echinochloa crusgalli*
分类地位： 被子植物门 / 百合纲 / 莎草目 / 禾本科 / 稗属
分　　布： 几乎遍及全国，以及全世界温暖地区。多生长于沼泽地、沟边及水稻田中。

无芒稗 *Echinochloa crusgalli* var. *mitis*

中文种名： 无芒稗
拉丁学名： *Echinochloa crusgalli* var. *mitis*
分类地位： 被子植物门 / 百合纲 / 莎草目 / 禾本科 / 稗属
分　　布： 分布于我国东北、华北、西北、华东、西南及华南等地。多生长于水边或路边草地上。

棒头草 *Polypogon fugax*

中文种名： 棒头草
拉丁学名： *Polypogon fugax*
分类地位： 被子植物门 / 百合纲 / 莎草目 / 禾本科 / 棒头草属
分　　布： 分布于我国南北各地。生长于海拔100 ～ 3 600 米的山坡、田边、潮湿处。

牛筋草 *Eleusine indica*

中文种名： 牛筋草
拉丁学名： *Eleusine indica*
分类地位： 被子植物门 / 百合纲 / 莎草目 / 禾本科 / 穇属
分　　布： 分布于我国南北各地。多生长于荒芜之地及道路旁。

鹅观草 *Roegneria kamoji*

中文种名： 鹅观草
拉丁学名： *Roegneria kamoji*
分类地位： 被子植物门 / 百合纲 / 莎草目 / 禾本科 / 鹅观草属
分　　布： 除我国青海、西藏等地，分布几乎遍及全国。多生长于海拔 100 ～ 2 300 米的山坡和湿润草地。

纤毛鹅观草 *Roegneria ciliaris*

中文种名： 纤毛鹅观草
拉丁学名： *Roegneria ciliaris*
分类地位： 被子植物门 / 百合纲 / 莎草目 / 禾本科 / 鹅观草属
分　　布： 在我国广为分布。生长于路旁或潮湿草地以及山坡上。

假苇拂子茅 *Calamagrostis pseudophragmites*

中文种名： 假苇拂子茅
拉丁学名： *Calamagrostis pseudophragmites*
分类地位： 被子植物门 / 百合纲 / 莎草目 / 禾本科 / 拂子茅属
分　　布： 分布于我国东北、华北、西北、四川、云南、贵州、湖北等地。生长于山坡草地或河岸阴湿之处。

狗尾草 *Setaria viridis*

中文种名： 狗尾草
拉丁学名： *Setaria viridis*
分类地位： 被子植物门 / 百合纲 / 莎草目 / 禾本科 / 狗尾草属
分　　布： 分布于我国各地。生长于海拔 4 000 米以下的荒野、道旁，为旱地作物常见种。

金色狗尾草 *Setaria glauca*

中文种名： 金色狗尾草
拉丁学名： *Setaria glauca*
分类地位： 被子植物门 / 百合纲 / 莎草目 / 禾本科 / 狗尾草属
分　　布： 分布于我国各地。生长于林边、山坡、路边和荒芜的园地及荒野。

狗牙根 *Cynodon dactylon*

中文种名： 狗牙根
拉丁学名： *Cynodon dactylon*
分类地位： 被子植物门 / 百合纲 / 莎草目 / 禾本科 / 狗牙根属
分　　布： 分布于我国黄河以南各地。多生长于村庄附近、道旁河岸、荒地山坡，其根茎蔓延力很强，广铺地面，为良好的固堤保土植物。

虎尾草 *Chloris virgata*

中文种名： 虎尾草
拉丁学名： *Chloris virgata*
分类地位： 被子植物门 / 百合纲 / 莎草目 / 禾本科 / 虎尾草属
分　　布： 遍布于我国各地。多生长于路旁荒野、河岸沙地、土墙及房顶上。

小画眉草 *Eragrostis minor*

中文种名： 小画眉草
拉丁学名： *Eragrostis minor*
分类地位： 被子植物门 / 百合纲 / 莎草目 / 禾本科 / 画眉草属
分　　布： 产于我国各地。生长于荒芜田野、草地和路旁。

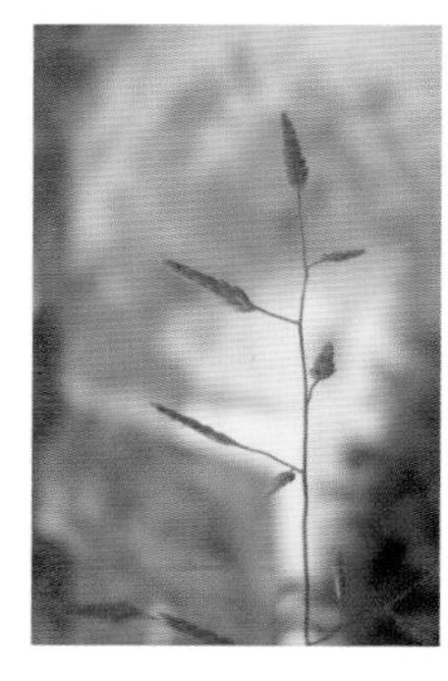

朝鲜碱茅 *Puccinellia chinampoensis*

中文种名： 朝鲜碱茅
拉丁学名： *Puccinellia chinampoensis*
分类地位： 被子植物门 / 百合纲 / 莎草目 / 禾本科 / 碱茅属
分　　布： 分布于我国黑龙江、吉林、辽宁、内蒙古、河北、山西、山东、江苏、安徽、青海、宁夏、新疆、甘肃。生长于较湿润的盐碱地和湖边、滨海的盐渍土上。

大穗结缕草 *Zoysia macrostachya*

中文种名： 大穗结缕草
拉丁学名： *Zoysia macrostachya*
分类地位： 被子植物门 / 百合纲 / 莎草目 / 禾本科 / 结缕草属
分　　布： 分布于我国山东、江苏、安徽、浙江。生长于山坡或平地的砂质土壤或海滨沙地上。

结缕草 *Zoysia japonica*

中文种名： 结缕草
拉丁学名： *Zoysia japonica*
分类地位： 被子植物门 / 百合纲 / 莎草目 / 禾本科 / 结缕草属
分　　布： 分布于我国东北、河北、山东、江苏、安徽、浙江、福建、台湾。生长于平原、山坡或海滨草地上。

中华结缕草 *Zoysia sinica*

中文种名： 中华结缕草
拉丁学名： *Zoysia sinica*
分类地位： 被子植物门 / 百合纲 / 莎草目 / 禾本科 / 结缕草属
分　　布： 分布于我国辽宁、河北、山东、江苏、安徽、浙江、福建、广东、台湾。生长于海边沙滩、河岸、路旁的草丛中。

芦苇 *Phragmites australis*

中文种名： 芦苇
拉丁学名： *Phragmites australis*
分类地位： 被子植物门 / 百合纲 / 莎草目 / 禾本科 / 芦苇属
分　　布： 分布于我国各地。生长于江河湖泽、池塘沟渠沿岸和低湿地。

芦竹 *Arundo donax*

中文种名： 芦竹
拉丁学名： *Arundo donax*
分类地位： 被子植物门 / 百合纲 / 莎草目 / 禾本科 / 芦竹属
分　　布： 分布于我国广东、海南、广西、贵州、云南、四川、湖南、江西、福建、台湾、浙江、江苏、山东。生长于河岸道旁、砂质壤土上。

马唐 *Digitaria sanguinalis*

中文种名： 马唐
拉丁学名： *Digitaria sanguinalis*
分类地位： 被子植物门 / 百合纲 / 莎草目 / 禾本科 / 马唐属
分　　布： 分布于我国西藏、四川、新疆、陕西、甘肃、山西、河北、河南及安徽等地。生长于路旁、田野，是一种优良牧草，但也是危害农田、果园的杂草。

升马唐 *Digitaria ciliaris*

中文种名： 升马唐
拉丁学名： *Digitaria ciliaris*
分类地位： 被子植物门 / 百合纲 / 莎草目 / 禾本科 / 马唐属
分　　布： 分布于我国南北各地。生长于路旁、荒野、荒坡，是一种优良牧草，但也是果园旱田中危害庄稼的主要杂草。

大米草 *Spartina anglica*

中文种名： 大米草
拉丁学名： *Spartina anglica*
分类地位： 被子植物门 / 百合纲 / 莎草目 / 禾本科 / 米草属
分　　布： 原产于欧洲。生长于潮水能经常浸延的海滩沼泽中。

菵草 *Beckmannia syzigachne*

中文种名： 菵草
拉丁学名： *Beckmannia syzigachne*
分类地位： 被子植物门 / 百合纲 / 莎草目 / 禾本科 / 菵草属
分　　布： 分布于我国各地。生长于海拔 3 700 米以下之湿地、水沟边及浅的流水中。

雀麦 *Bromus japonicus*

中文种名： 雀麦
拉丁学名： *Bromus japonicus*
分类地位： 被子植物门 / 百合纲 / 莎草目 / 禾本科 / 雀麦属
分　　布： 分布于我国辽宁、内蒙古、河北、山西、山东、河南、陕西、甘肃、安徽、江苏、江西、湖南、湖北、新疆、西藏、四川、云南、台湾。生长于山坡林缘、荒野路旁、河漫滩湿地。

苇状羊茅 *Festuca arundinacea*

中文种名： 苇状羊茅
拉丁学名： *Festuca arundinacea*
分类地位： 被子植物门 / 百合纲 / 莎草目 / 禾本科 / 羊茅属
分　　布： 分布于我国新疆，内蒙古、陕西、甘肃、青海、江苏等地，为引种栽培。生长于海拔 700 ～ 1 200 米的河谷阶地、灌丛、林缘等潮湿处。

东方羊茅 *Festuca arundinacea* subsp. *orientalis*

中文种名： 东方羊茅
拉丁学名： *Festuca arundinacea* subsp. *orientalis*
分类地位： 被子植物门 / 百合纲 / 莎草目 / 禾本科 / 羊茅属
分　　布： 分布于我国新疆。生长于海拔 500 ～ 2 400 米的林缘和潮湿的河谷草甸。

紫羊茅 *Festuca rubra*

中文种名： 紫羊茅
拉丁学名： *Festuca rubra*
分类地位： 被子植物门 / 百合纲 / 莎草目 / 禾本科 / 羊茅属
分　　布： 分布于我国黑龙江、吉林、辽宁、河北、内蒙古、山西、陕西、甘肃、新疆、青海以及西南、华中大部分地区。生长于海拔 600 ～ 4 500 米的山坡草地、高山草甸、河滩、路旁、灌丛、林下等处。

冰草 *Agropyron cristatum*

中文种名： 冰草
拉丁学名： *Agropyron cristatum*
分类地位： 被子植物门 / 百合纲 / 莎草目 / 禾本科 / 冰草属
分　　布： 分布于我国东北、华北、内蒙古、甘肃、青海、新疆等地。生长于干燥草地、山坡、丘陵以及沙地。

鸭茅 *Dactylis glomerata*

中文种名： 鸭茅
拉丁学名： *Dactylis glomerata*
分类地位： 被子植物门 / 百合纲 / 莎草目 / 禾本科 / 鸭茅属
分　　布： 分布于我国西南、西北等地。生长于海拔 1 500 ～ 3 600 米的山坡、草地、林下。在河北、河南、山东、江苏等地有栽培或因引种而逸为野生。

獐毛 *Aeluropus sinensis*

中文种名： 獐毛
拉丁学名： *Aeluropus sinensis*
分类地位： 被子植物门 / 百合纲 / 莎草目 / 禾本科 / 獐毛属
分　　布： 分布于我国东北、河北、山东、江苏诸省沿海一带以及河南、山西、甘肃、宁夏、内蒙古、新疆等地。生长于海岸边至海拔 3 200 米的内陆盐碱地。

白茅 *Imperata cylindrica*

中文种名： 白茅
拉丁学名： *Imperata cylindrica*
分类地位： 被子植物门 / 百合纲 / 莎草目 / 禾本科 / 白茅属
分　　布： 分布于我国辽宁、河北、山西、山东、陕西、新疆等北方地区。生长于低山带平原河岸草地、砂质草甸、荒漠与海滨。

黑麦草 *Lolium perenne*

中文种名： 黑麦草
拉丁学名： *Lolium perenne*
分类地位： 被子植物门 / 百合纲 / 莎草目 / 禾本科 / 黑麦草属
分　　布： 为我国各地普遍引种栽培的优良牧草。生长于草甸草场，常见于路旁湿地。

小香蒲 *Typha minima*

中文种名： 小香蒲
拉丁学名： *Typha minima*
分类地位： 被子植物门 / 百合纲 / 香蒲目 / 香蒲科 / 香蒲属
分　　布： 分布于我国黑龙江、吉林、辽宁、内蒙古、河北、河南、山东、山西、陕西、甘肃、新疆、湖北、四川等地。生长于池塘、水泡子、水沟边浅水处，亦常见于一些水体干枯后的湿地及低洼处。

长苞香蒲 *Typha angustata*

中文种名： 长苞香蒲
拉丁学名： *Typha angustata*
分类地位： 被子植物门 / 百合纲 / 香蒲目 / 香蒲科 / 香蒲属
分　　布： 分布于我国黑龙江、吉林、辽宁、内蒙古、河北、河南、山东、山西、陕西、甘肃、新疆、江苏、江西、贵州、云南等地。生长于湖泊、河流、池塘浅水处，亦常见于沼泽、沟渠。

水烛 *Typha angustifolia*

中文种名： 水烛

拉丁学名： *Typha angustifolia*

分类地位： 被子植物门 / 百合纲 / 香蒲目 / 香蒲科 / 香蒲属

分　　布： 分布于我国黑龙江、吉林、辽宁、内蒙古、河北、山东、河南、陕西、甘肃、新疆、江苏、湖北、云南、台湾等地。生长于湖泊、河流、池塘浅水处，水深达 1 米或更深，亦常见于沼泽、沟渠，当水体干枯时可生长于湿地及地表龟裂环境中。

凤尾丝兰 *Yucca gloriosa*

中文种名： 凤尾丝兰

拉丁学名： *Yucca gloriosa*

分类地位： 被子植物门 / 百合纲 / 百合目 / 百合科 / 丝兰属

分　　布： 原产于北美东部及东南部地区。温暖地区广泛露地栽培。

韭 *Allium tuberosum*

中文种名： 韭

拉丁学名： *Allium tuberosum*

分类地位： 被子植物门 / 百合纲 / 百合目 / 百合科 / 葱属

分　　布： 原产于亚洲东南部地区。现在世界各地普遍栽培。我国广泛栽培，亦有野生植株，北方地区的为野化植株。

攀援天门冬 *Asparagus brachyphyllus*

中文种名： 攀援天门冬

拉丁学名： *Asparagus brachyphyllus*

分类地位： 被子植物门 / 百合纲 / 百合目 / 百合科 / 天门冬属

分　　布： 分布于我国吉林、辽宁、河北（北部）、山西（中部至北部）、陕西（北部）和宁夏（贺兰山以东）。生长于海拔 800 ~ 2 000 米的山坡、田边或灌丛中。

常见浮游生物

具槽帕拉藻 *Paralia sulcata*

中文种名： 具槽帕拉藻
拉丁学名： *Paralia sulcata*
分类地位： 硅藻门 / 中心纲 / 盘状硅藻目 / 直链藻科 / 帕拉藻属
分　　布： 近岸性海水底栖种，世界广布种。虽为底栖种类，但常出现于浮游生物群中，有时数量很多。黄渤海沿岸春、冬两季均有出现。

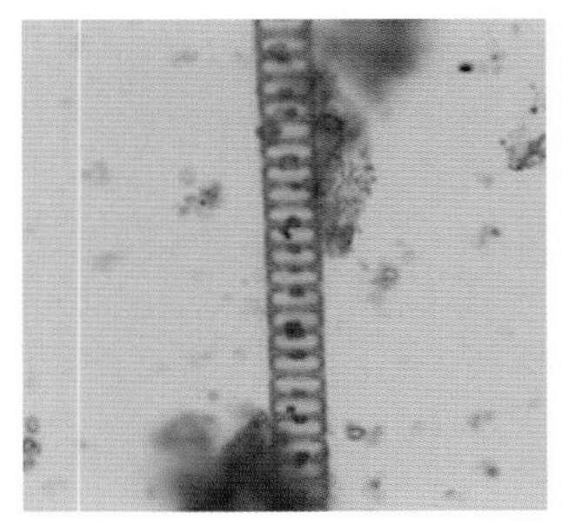
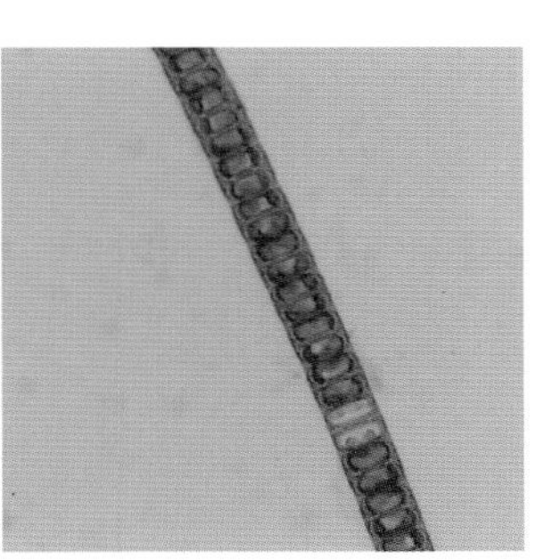

威利圆筛藻 *Coscinodiscus wailesii*

中文种名： 威利圆筛藻
拉丁学名： *Coscinodiscus wailesii*
分类地位： 硅藻门 / 中心纲 / 盘状硅藻目 / 圆筛藻科 / 圆筛藻属
分　　布： 暖温带外洋种，在我国主要出现在温度 20℃左右、盐度为 30 ～ 34 的水域，秋季在黄渤海常有分布。

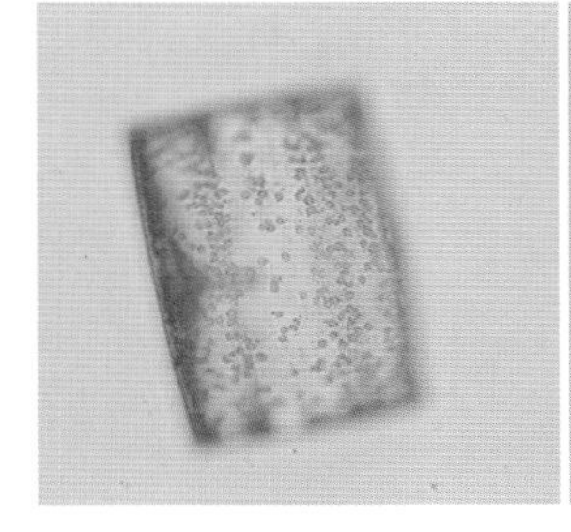
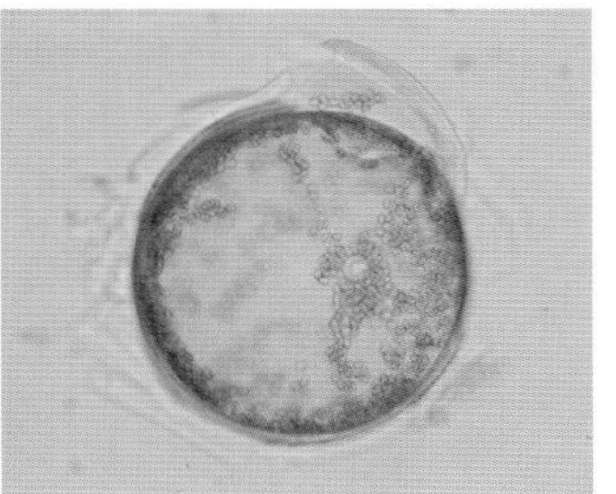

虹彩圆筛藻 *Coscinodiscus oculus-iridis*

中文种名： 虹彩圆筛藻
拉丁学名： *Coscinodiscus oculus-iridis*
分类地位： 硅藻门 / 中心纲 / 盘状硅藻目 / 圆筛藻科 / 圆筛藻属
分　　布： 广温性外洋种，世界广布种。我国黄渤海海域全年皆有分布。

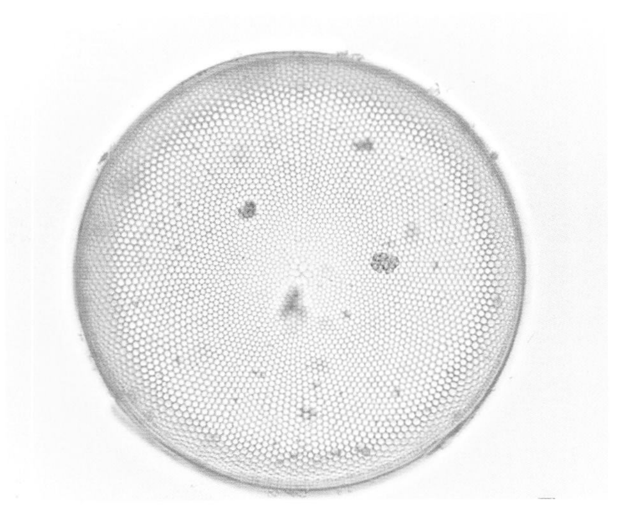

薄壁几内亚藻 *Guinardia flaccida*

中文种名： 薄壁几内亚藻
拉丁学名： *Guinardia flaccida*
分类地位： 硅藻门 / 中心纲 / 盘状硅藻目 / 细柱藻科 / 几内亚藻属
分　　布： 热带近海浮游种。黄渤海夏、秋两季常见，但冬季稀少。

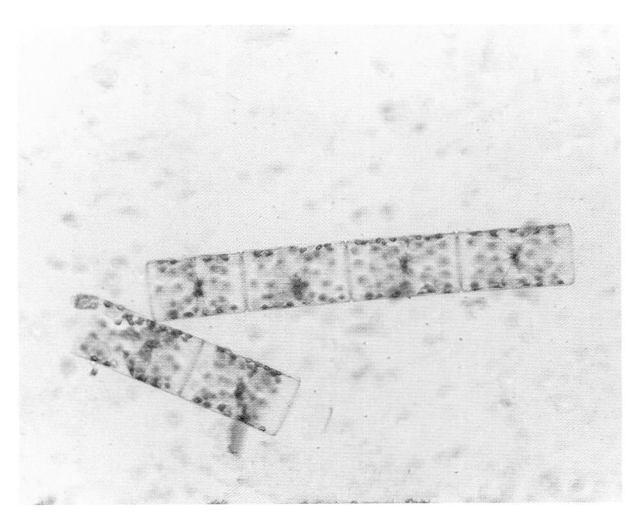

斯氏几内亚藻 *Guinardia striata*

中文种名： 斯氏几内亚藻
拉丁学名： *Guinardia striata*
分类地位： 硅藻门 / 中心纲 / 盘状硅藻目 / 细柱藻科 / 几内亚藻属
分　　布： 广温、广盐性世界广布种。黄渤海全年皆有分布。

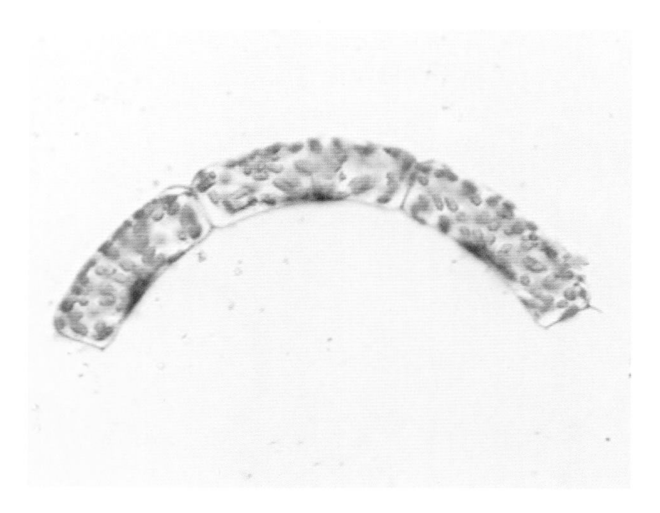

印度翼鼻状藻 *Proboscia indica*

中文种名： 印度翼鼻状藻
拉丁学名： *Proboscia indica*
分类地位： 硅藻门 / 中心纲 / 管状硅藻目 / 根管藻科 / 鼻状藻属
分　　布： 暖温带浮游性种，世界广布种。黄渤海夏、秋两季常见分布。

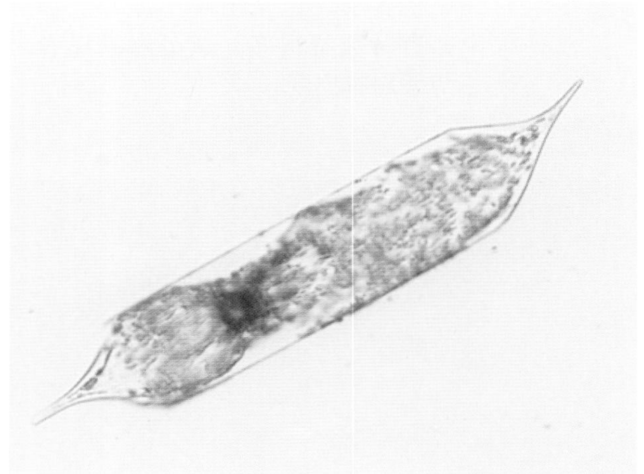

刚毛根管藻 *Rhizosolenia setigera*

中文种名： 刚毛根管藻
拉丁学名： *Rhizosolenia setigera*
分类地位： 硅藻门 / 中心纲 / 管状硅藻目 / 根管藻科 / 根管藻属
分　　布： 广温广盐性沿岸种，世界广布种。黄渤海全年皆有分布。

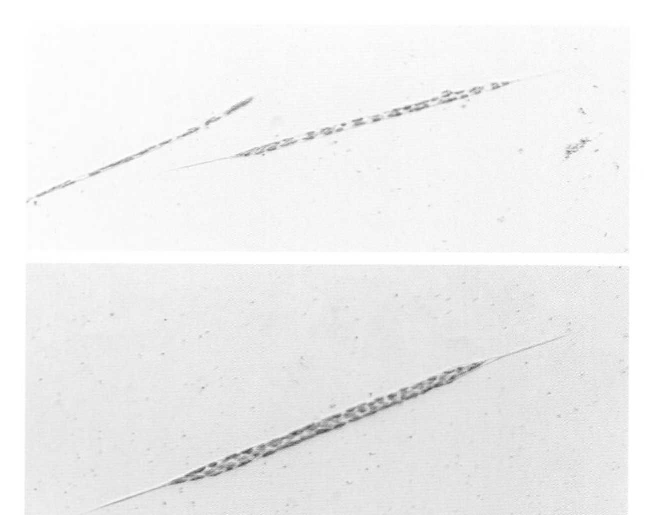

旋链角毛藻 *Chaetoceros curvisetus*

中文种名： 旋链角毛藻
拉丁学名： *Chaetoceros curvisetus*
分类地位： 硅藻门 / 中心纲 / 盒形硅藻目 / 角毛藻科 / 角毛藻属
分　　布： 广温性沿岸种。我国黄渤海春、夏、秋三季均有分布。

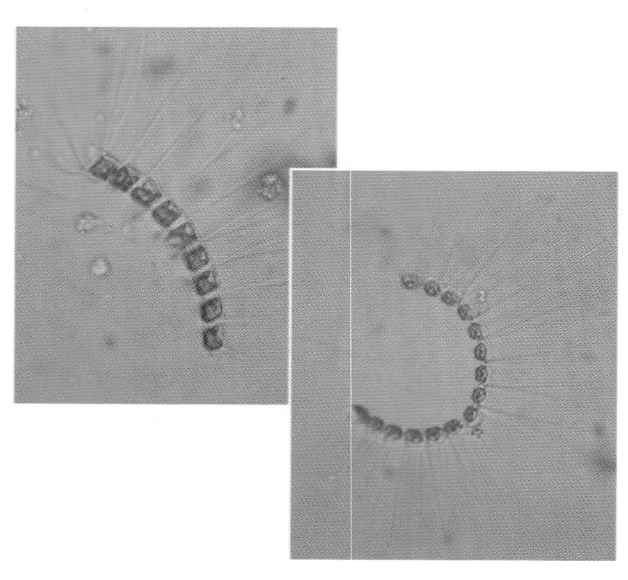

劳氏角毛藻 *Chaetoceros lorenzianus*

中文种名： 劳氏角毛藻

拉丁学名： *Chaetoceros lorenzianus*

分类地位： 硅藻门 / 中心纲 / 盒形硅藻目 / 角毛藻科 / 角毛藻属

分　　布： 暖水近岸种，分布广。黄渤海夏、秋两季的数量较多。

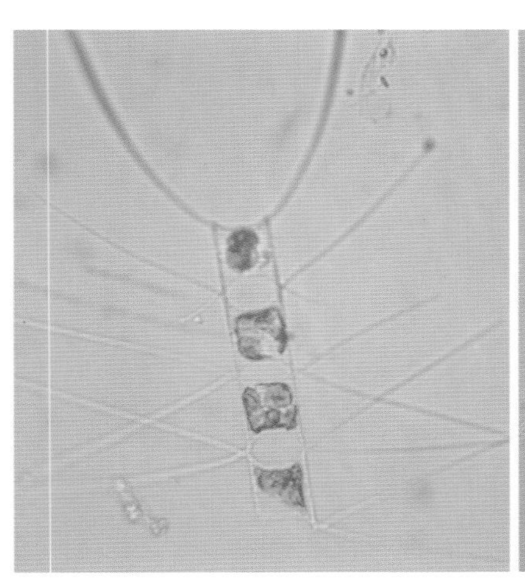

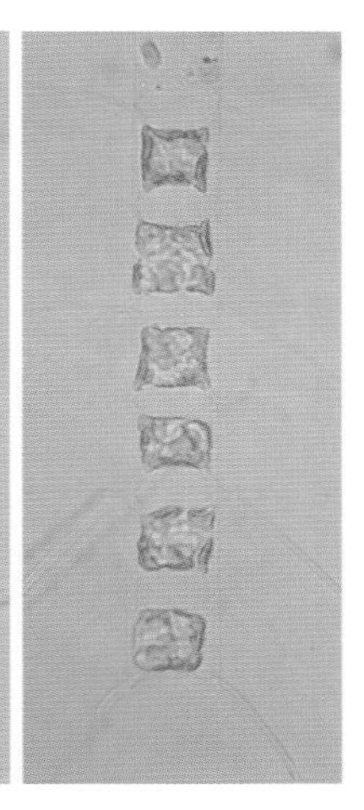

中华齿状藻 *Odontella sinensis*

中文种名： 中华齿状藻

拉丁学名： *Odontella sinensis*

分类地位： 硅藻门 / 中心纲 / 盒形硅藻目 / 盒形藻科 / 齿状藻属

分　　布： 浮游性种。黄渤海夏、秋季较为常见。

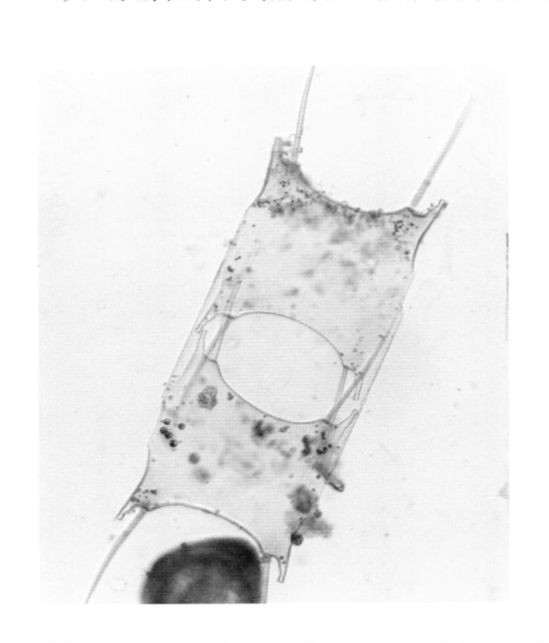

密连角毛藻 *Chaetoceros densus*

中文种名： 密连角毛藻

拉丁学名： *Chaetoceros densus*

分类地位： 硅藻门 / 中心纲 / 盒形硅藻目 / 角毛藻科 / 角毛藻属

分　　布： 温带外洋种，世界广布种。黄渤海春季大量出现。

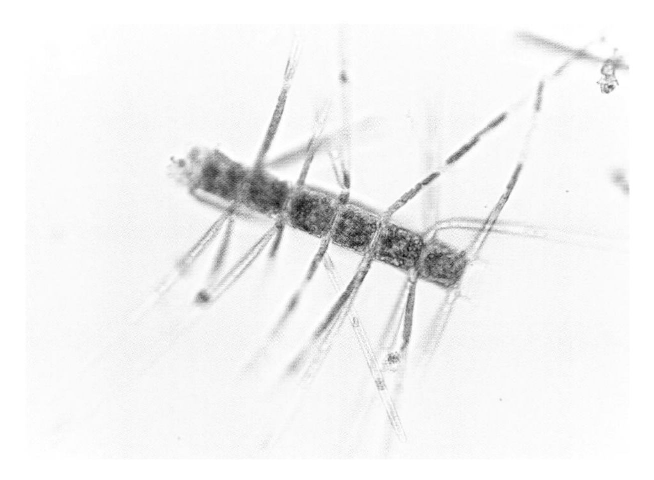

高齿状藻 *Odontella regia*

中文种名： 高齿状藻

拉丁学名： *Odontella regia*

分类地位： 硅藻门 / 中心纲 / 盒形硅藻目 / 盒形藻科 / 齿状藻属

分　　布： 暖温带至热带近海浮游种。黄渤海夏、秋两季的数量较多。

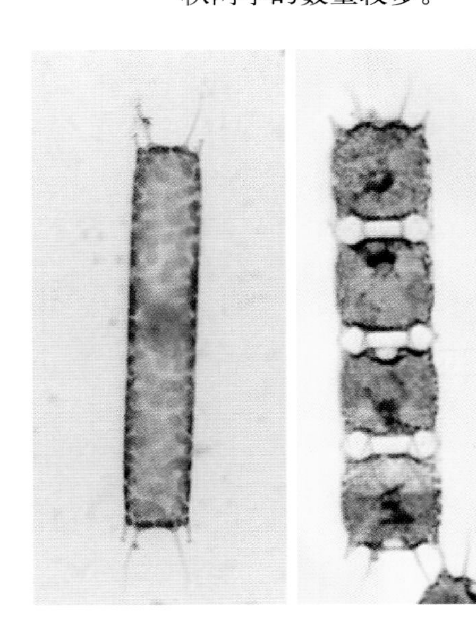

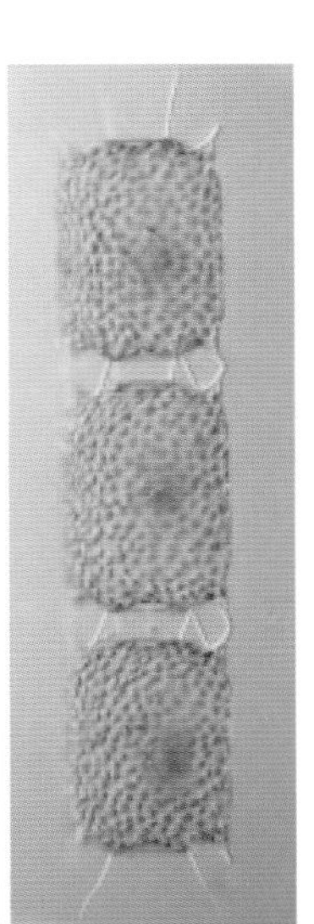

布氏双尾藻 *Ditylum brightwellii*

中文种名： 布氏双尾藻
拉丁学名： *Ditylum brightwellii*
分类地位： 硅藻门 / 中心纲 / 盒形硅藻目 / 盒形藻科 / 双尾藻属
分　　布： 温带近海性浮游种，世界广布种。黄渤海全年均可见，秋季数量较多。

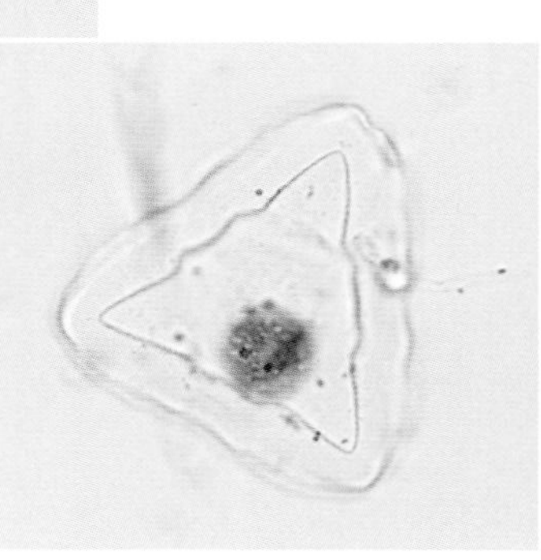

伏氏海线藻 *Thalassionema frauenfeldii*

中文种名： 伏氏海线藻
拉丁学名： *Thalassionema frauenfeldii*
分类地位： 硅藻门 / 羽纹纲 / 等片藻目 / 等片藻科 / 海线藻属
分　　布： 广温性外洋种，世界广布种。渤海冬、春两季数量较多。

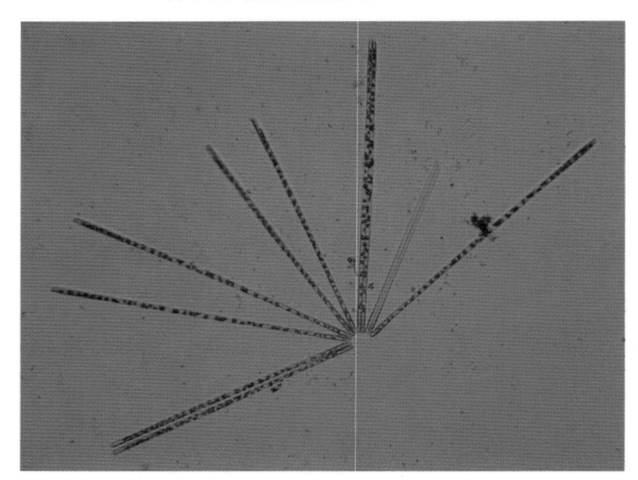

菱形海线藻 *Thalassionema nitzschioides*

中文种名： 菱形海线藻
拉丁学名： *Thalassionema nitzschioides*
分类地位： 硅藻门 / 羽纹纲 / 等片藻目 / 等片藻科 / 海线藻属
分　　布： 温带沿岸种，世界广布种。黄渤海全年皆有分布，秋季数量较多。

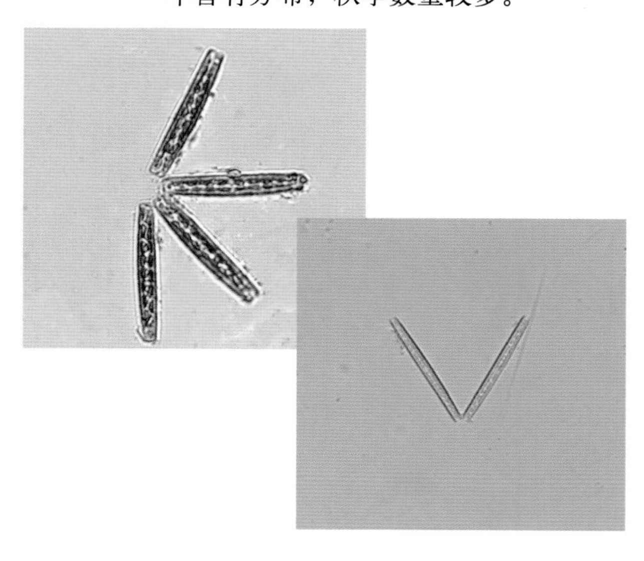

尖刺伪菱形藻 *Pseudo-nitzschia pungens*

中文种名： 尖刺伪菱形藻
拉丁学名： *Pseudo-nitzschia pungens*
分类地位： 硅藻门 / 羽纹纲 / 双菱藻目 / 菱形藻科 / 伪菱形藻属
分　　布： 广温性近岸种。黄渤海沿岸均有分布。

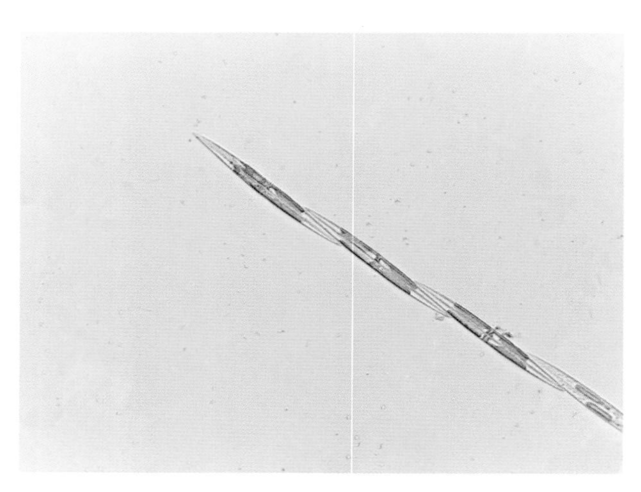

夜光藻 *Noctiluca scintillans*

中文种名： 夜光藻
拉丁学名： *Noctiluca scintillans*
分类地位： 甲藻门 / 甲藻纲 / 夜光藻目 / 夜光藻科 / 夜光藻属
分　　布： 世界性赤潮种。黄渤海常见，冬季数量较多。

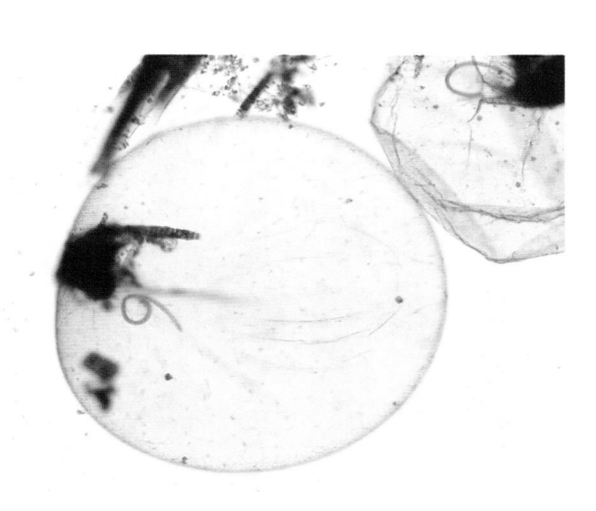

三角角藻 *Ceratium tripos*

中文种名： 三角角藻
拉丁学名： *Ceratium tripos*
分类地位： 甲藻门 / 甲藻纲 / 膝沟藻目 / 角藻科 / 角藻属
分　　布： 世界广布种。黄渤海常见。

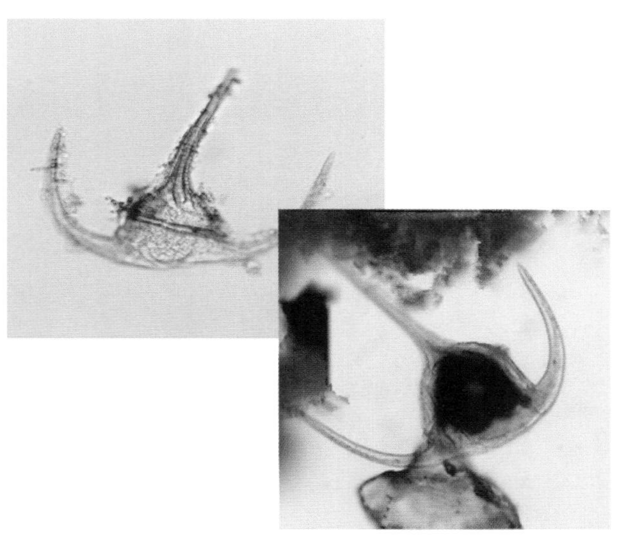

梭角藻 *Ceratium fusus*

中文种名： 梭角藻
拉丁学名： *Ceratium fusus*
分类地位： 甲藻门 / 甲藻纲 / 膝沟藻目 / 角藻科 / 角藻属
分　　布： 世界广布种，热带和寒带均有分布。黄渤海广泛分布。

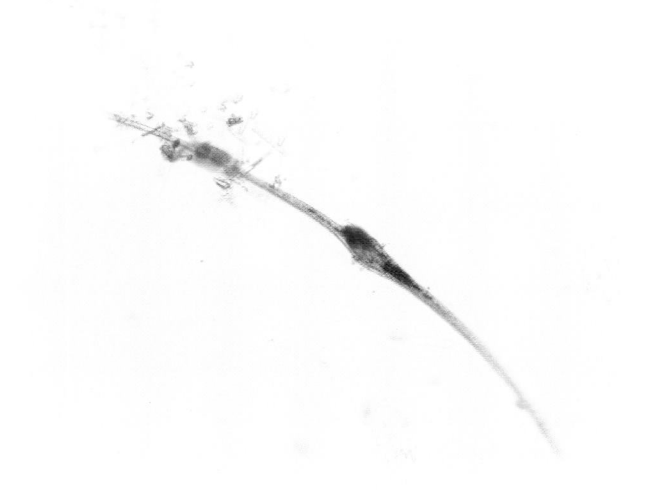

大角三趾藻 *Tripos macroceros*

中文种名： 大角三趾藻
拉丁学名： *Tripos macroceros*
分类地位： 甲藻门 / 甲藻纲 / 膝沟藻目 / 角藻科 / 三趾藻属
分　　布： 寒带至热带的大洋及沿岸种，世界广布种。黄渤海皆有分布。

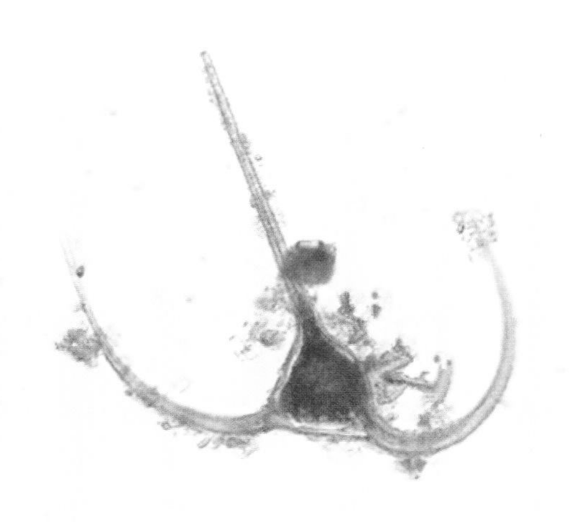

锡兰和平水母 *Eirene ceylonensis*

中文种名： 锡兰和平水母
拉丁学名： *Eirene ceylonensis*
分类地位： 刺胞动物门 / 水螅纲 / 锥螅水母目 / 和平水母科 / 和平水母属
分　　布： 近岸暖水种；渤海直达南海北部广泛分布；全年均有出现。

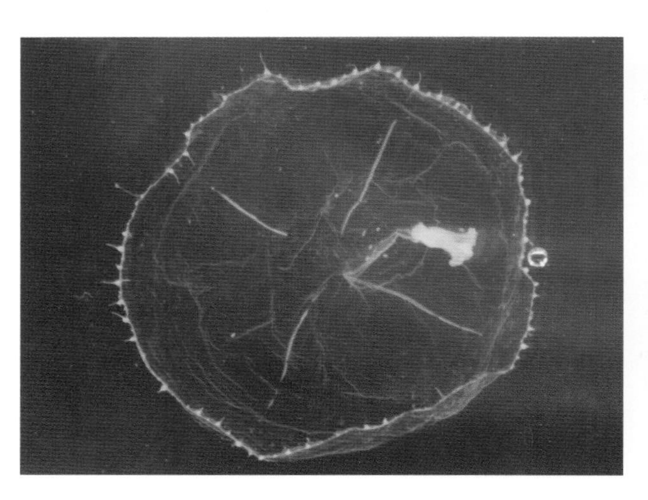

球型侧腕水母 *Pleurobrachia globosa*

中文种名： 球型侧腕水母
拉丁学名： *Pleurobrachia globosa*
分类地位： 栉板动物门 / 有触手纲 / 球栉水母目 / 侧腕水母科 / 侧腕水母属
分　　布： 范围广、数量多；广泛分布于我国沿岸水域，尤其近海河口水域更为常见；出现于春、夏、秋三季。

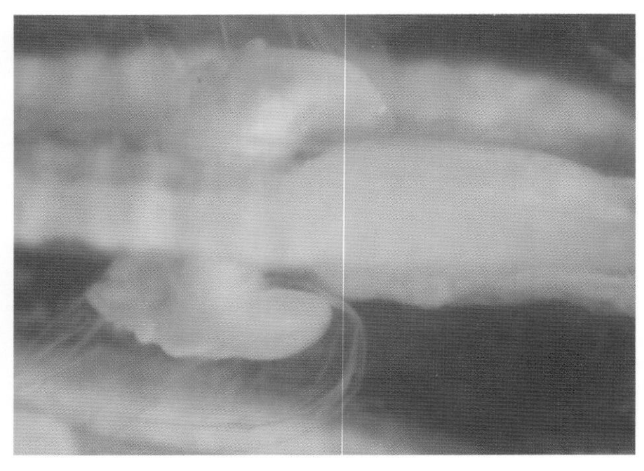

洪氏纺锤水蚤 *Acartia hongi*

中文种名： 洪氏纺锤水蚤
拉丁学名： *Acartia hongi*
分类地位： 节肢动物门 / 颚足纲 / 哲水蚤目 / 纺锤水蚤科 / 纺锤水蚤属
分　　布： 出现于渤海、黄海；春、夏两季的数量较多。

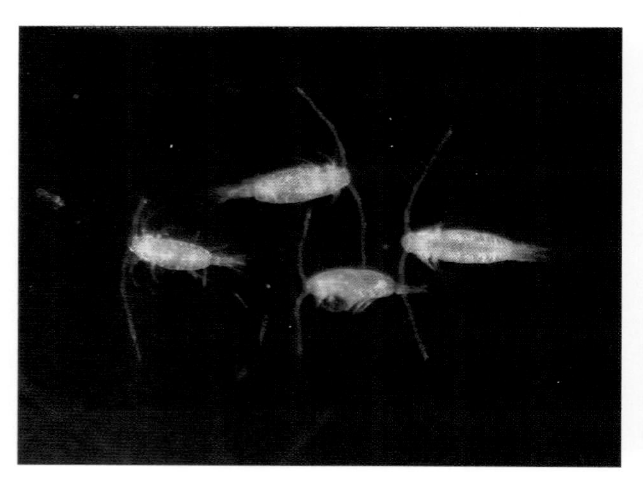

太平洋纺锤水蚤 *Acartia pacifica*

中文种名： 太平洋纺锤水蚤
拉丁学名： *Acartia pacifica*
分类地位： 节肢动物门 / 颚足纲 / 哲水蚤目 / 纺锤水蚤科 / 纺锤水蚤属
分　　布： 暖水种；出现于渤海、黄海和东海沿岸水域，数量多，较常见。

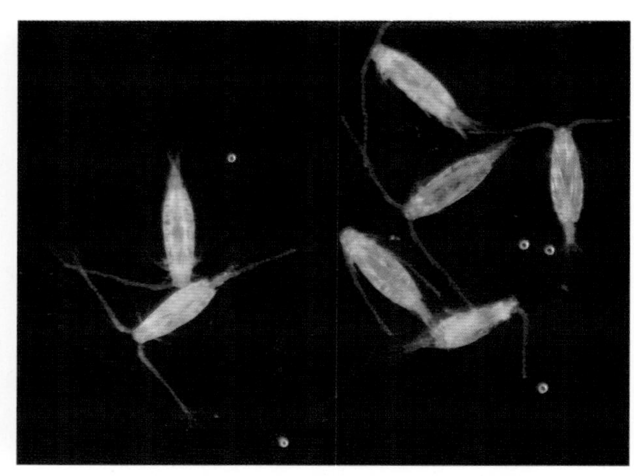

中华哲水蚤 *Calanus sinicus*

中文种名： 中华哲水蚤

拉丁学名： *Calanus sinicus*

分类地位： 节肢动物门 / 颚足纲 / 哲水蚤目 / 哲水蚤科 / 哲水蚤属

分　　布： 暖温带种；广泛分布于我国渤海、黄海和东海沿岸区，为这些水域的优势种。它向北分布至日本本州东、西岸，达北纬42°；向南分布至南海北部近海，有时远达海南岛南部沿岸海域。

背针胸刺水蚤 *Centropages dorsispinatus*

中文种名： 背针胸刺水蚤

拉丁学名： *Centropages dorsispinatus*

分类地位： 节肢动物门 / 颚足纲 / 哲水蚤目 / 胸刺水蚤科 / 胸刺水蚤属

分　　布： 暖水种；分布于我国的福建、浙江近海；夏、秋两季扩展至渤海、黄海水域，且较为习见。

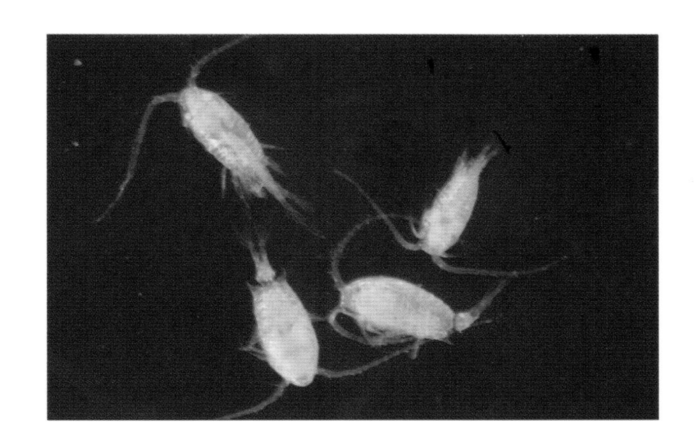

小拟哲水蚤 *Paracalanus parvus*

中文种名： 小拟哲水蚤

拉丁学名： *Paracalanus parvus*

分类地位： 节肢动物门 / 颚足纲 / 哲水蚤目 / 拟哲水蚤科 / 拟哲水蚤属

分　　布： 暖水种；从渤海至南海近岸水域皆有分布，数量丰富，为我国沿海的优势种。

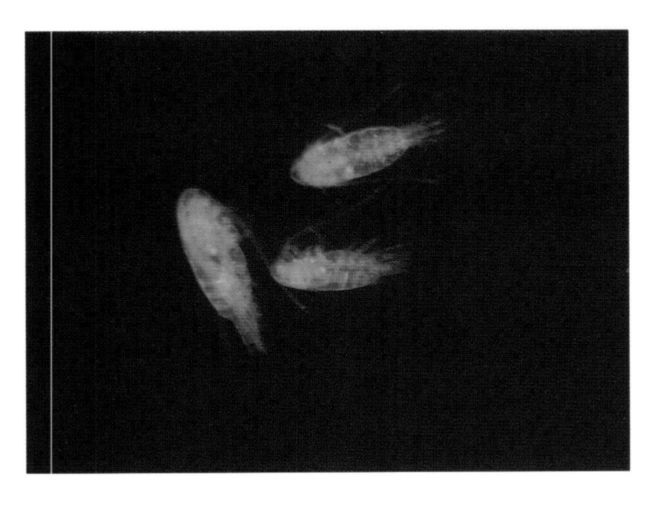

汤氏长足水蚤 *Calanopia thompsoni*

中文种名： 汤氏长足水蚤

拉丁学名： *Calanopia thompsoni*

分类地位： 节肢动物门 / 颚足纲 / 哲水蚤目 / 角水蚤科 / 长足水蚤属

分　　布： 夏、秋两季出现于山东半岛南、北沿岸，数量多，为习见种，向南达南海北部沿岸。太平洋热带、温带水域都有分布。

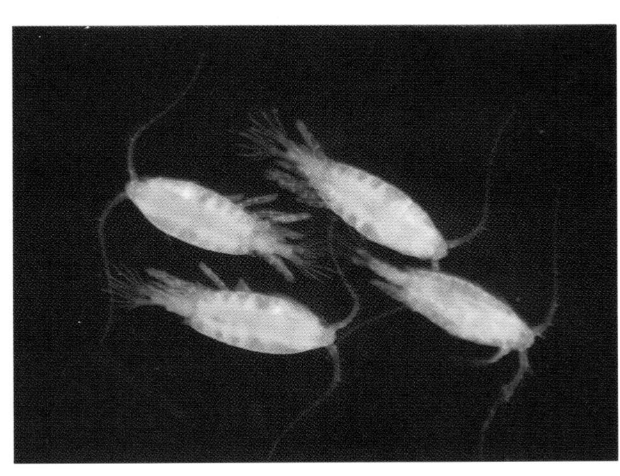

真刺唇角水蚤 *Labidocera euchaeta*

中文种名： 真刺唇角水蚤
拉丁学名： *Labidocera euchaeta*
分类地位： 节肢动物门 / 颚足纲 / 哲水蚤目 / 角水蚤科 / 唇角水蚤属
分　　布： 我国沿海各水域均有分布，长江口以北沿海的数量较为丰富。

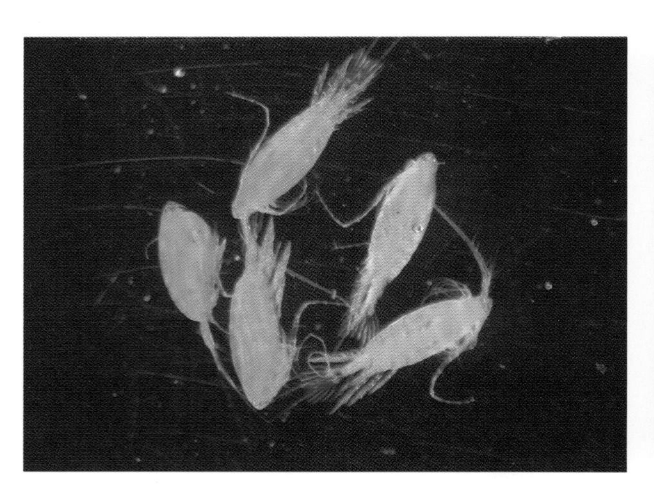

刺尾歪水蚤 *Tortanus spinicaudatus*

中文种名： 刺尾歪水蚤
拉丁学名： *Tortanus spinicaudatus*
分类地位： 节肢动物门 / 颚足纲 / 哲水蚤目 / 歪水蚤科 / 歪水蚤属
分　　布： 渤海、山东半岛南部、浙江沿海直至福建北部沿岸水域皆有分布，但北部海区的数量多于南部海区。

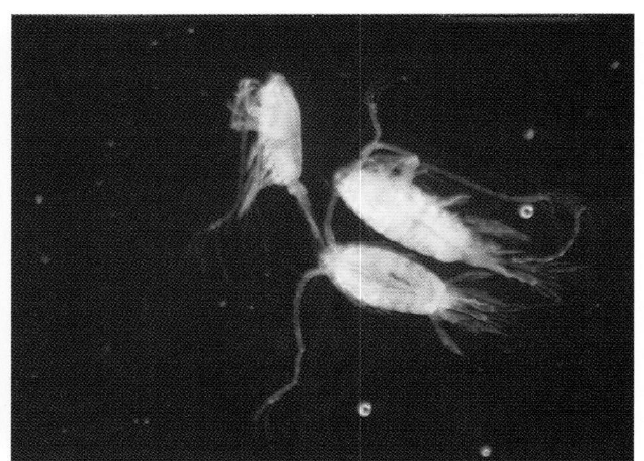

拟长腹剑水蚤 *Oithona similis*

中文种名： 拟长腹剑水蚤
拉丁学名： *Oithona similis*
分类地位： 节肢动物门 / 颚足纲 / 剑水蚤目 / 长腹剑水蚤科 / 长腹剑水蚤属
分　　布： 我国各海区均有分布，其中以渤海、黄海的数量最多。

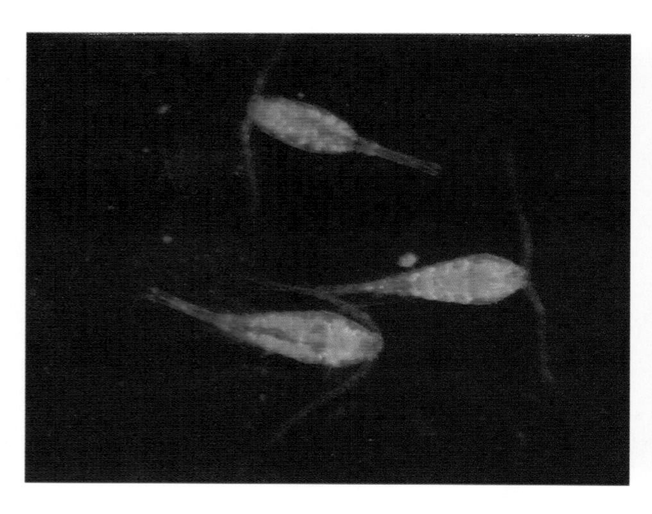

近缘大眼水蚤 *Ditrichocorycaeus affinis*

中文种名： 近缘大眼水蚤
拉丁学名： *Ditrichocorycaeus affinis*
分类地位： 节肢动物门 / 颚足纲 / 鞘口水蚤目 / 大眼水蚤科 / 大眼水蚤属
分　　布： 我国各海区都有分布，其中以渤海、黄海的数量较多。

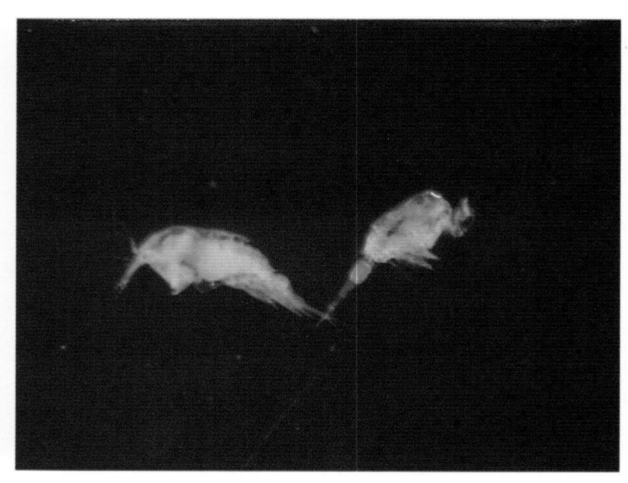

强壮滨箭虫 *Aidanosagitta crassa*

中文种名： 强壮滨箭虫
拉丁学名： *Aidanosagitta crassa*
分类地位： 毛颚动物门 / 箭虫纲 / 无横肌目 / 箭虫科 / 滨箭虫属
分　　布： 沿岸低盐表层种；大量分布于渤海、黄海及东海北部近岸，是渤海、黄海区的优势种类。

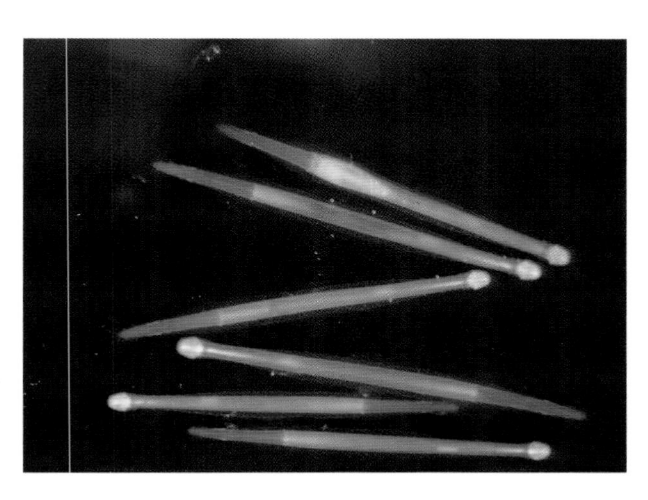

异体住囊虫 *Oikopleura dioica*

中文种名： 异体住囊虫
拉丁学名： *Oikopleura dioica*
分类地位： 尾索动物门 / 有尾纲 / 住囊虫科 / 住囊虫属
分　　布： 在我国沿岸水域广为分布，尤以南海更为常见。

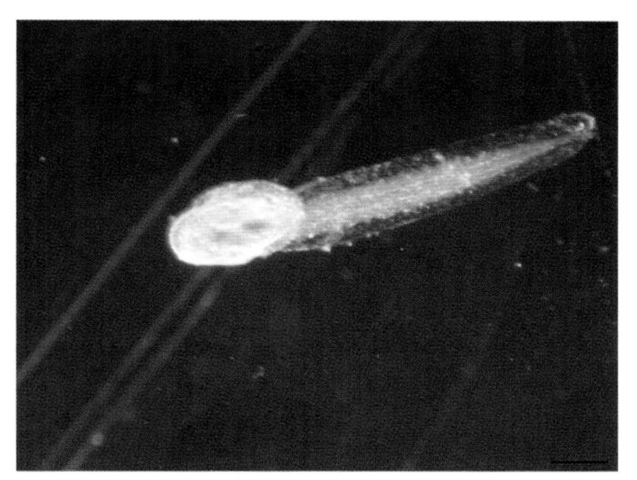

长尾类幼虫 Macrura larva

中文种名： 长尾类幼虫
英文名称： Macrura larva
分类地位： 节肢动物门 / 软甲纲 / 十足目 / 浮游幼虫
分　　布： 在渤海、黄海浮游生物中较常见，有时为优势种。

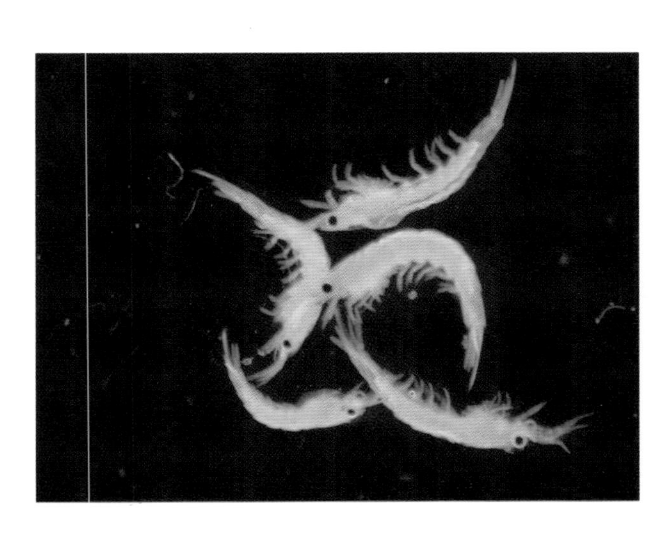

磁蟹溞状幼虫 Porcellana Zoea larva

中文种名： 磁蟹溞状幼虫
英文名称： Porcellana Zoea larva
分类地位： 节肢动物门 / 软甲纲 / 十足目 / 浮游幼虫
分　　布： 在我国沿岸水域时常可见。

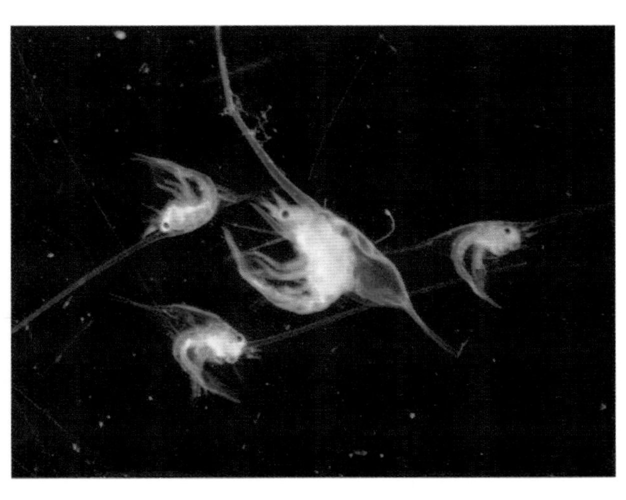

常见底栖生物

寡鳃齿吻沙蚕 *Nephtys oligobranchia*

中文种名： 寡鳃齿吻沙蚕
拉丁学名： *Nephtys oligobranchia*
分类地位： 环节动物门 / 多毛纲 / 沙蚕目 / 齿吻沙蚕科 / 齿吻沙蚕属
地理习性及分布： 分布于我国沿海；印度、越南也有分布。栖于潮下带泥底，广盐种；亦见于河口区的淡水中。

异足索沙蚕 *Lumbrineris heteropoda*

中文种名： 异足索沙蚕
拉丁学名： *Lumbrineris heteropoda*
分类地位： 环节动物门 / 多毛纲 / 矶沙蚕目 / 索沙蚕科 / 索沙蚕属
分　　布： 分布于我国沿岸潮间带及潮下带；南萨哈林、波斯湾、印度、越南、日本也有分布。

丝异须虫 *Heteromastus filiformis*

中文种名： 丝异须虫
拉丁学名： *Heteromastus filiformis*
分类地位： 环节动物门 / 多毛纲 / 囊吻目 / 小头虫科 / 丝异须虫属
分　　布： 我国黄渤海和南海均有分布。常栖息于潮间带泥沙滩，尤其是河口区。

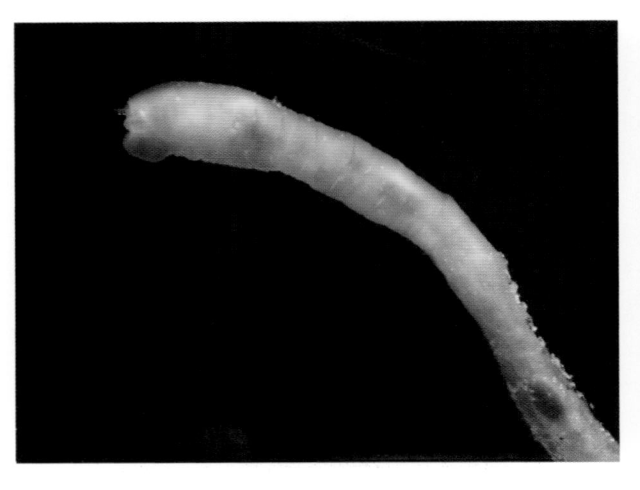

独指虫 *Aricidea fragilis*

中文种名： 独指虫
拉丁学名： *Aricidea fragilis*
分类地位： 环节动物门 / 多毛纲 / 囊吻目 / 异毛虫科 / 独指虫属
分　　布： 分布于我国的黄渤海和东海；美国大西洋沿岸墨西哥湾，非洲沿岸也有分布。

寡节甘吻沙蚕 *Glycinde gurjanovae*

中文种名： 寡节甘吻沙蚕
拉丁学名： *Glycinde gurjanovae*
分类地位： 环节动物门 / 多毛纲 / 叶须虫目 / 角吻沙蚕科 / 甘吻沙蚕属
分　　布： 分布于我国渤海软泥底（20 ~ 26 米），黄海潮间带下区泥沙滩、潮下带也有分布。

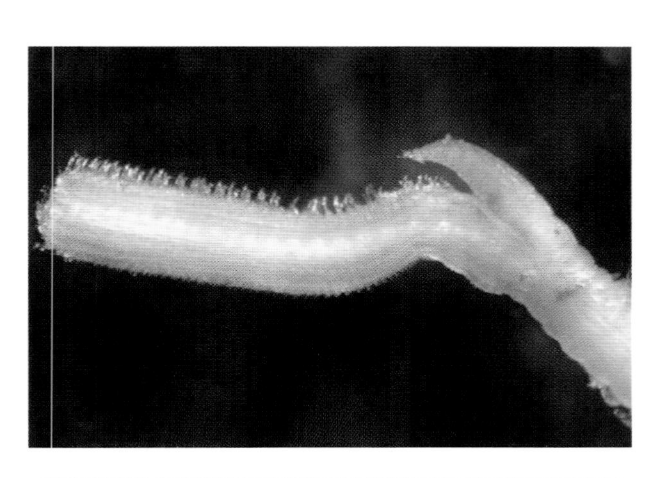

长吻沙蚕 *Glycera chirori*

中文种名： 长吻沙蚕
拉丁学名： *Glycera chirori*
分类地位： 环节动物门 / 多毛纲 / 叶须虫目 / 吻沙蚕科 / 吻沙蚕属
分　　布： 分布于我国沿海及日本海域。生活于我国黄渤海潮间带、潮下带（17 ~ 53 米）。栖于底质软泥。

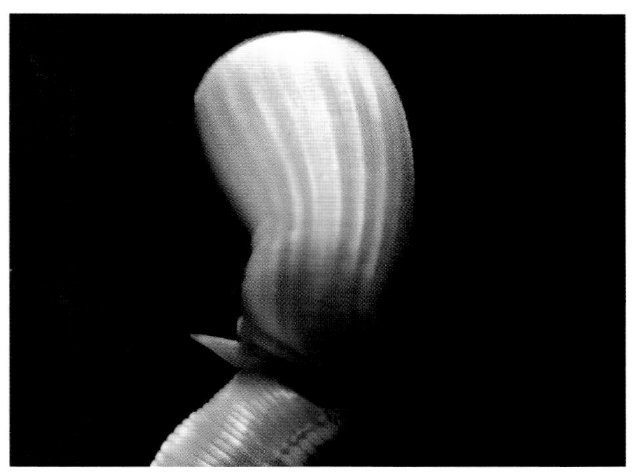

日本强鳞虫 *Sthenolepis japonica*

中文种名： 日本强鳞虫
拉丁学名： *Sthenolepis japonica*
分类地位： 环节动物门 / 多毛纲 / 叶须虫目 / 锡鳞虫科 / 强鳞虫属
分　　布： 分布于我国黄渤海潮下带；印度太平洋、孟加拉湾、阿拉伯海、日本沿岸也有分布。

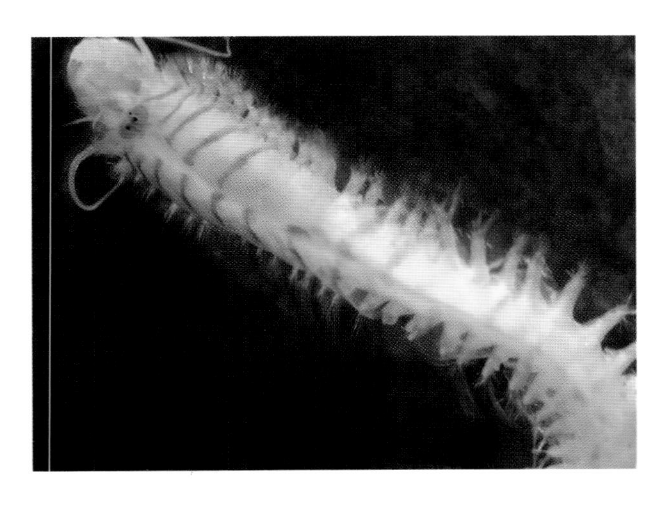

拟特须虫 *Paralacydonia paradoxa*

中文种名： 拟特须虫
拉丁学名： *Paralacydonia paradoxa*
分类地位： 环节动物门 / 多毛纲 / 叶须虫目 / 特须虫科 / 拟特须虫属
分　　布： 广布种。分布于我国黄渤海（7 ~ 25 米）、南海；地中海、摩洛哥、南非、北美大西洋和太平洋沿岸及印度尼西亚、新西兰北部也有分布。

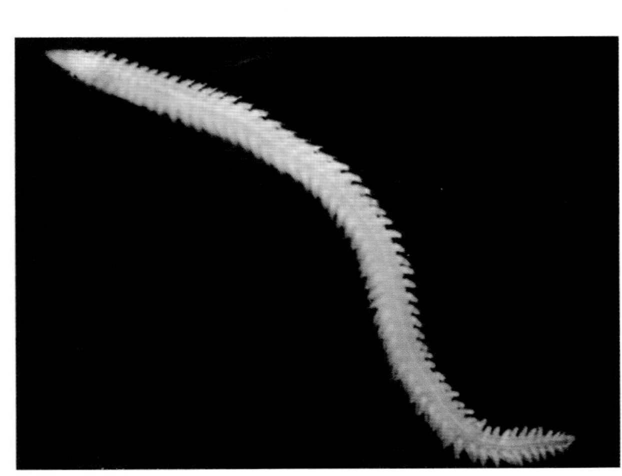

不倒翁虫 *Sternaspis scutata*

中文种名：不倒翁虫
拉丁学名：*Sternaspis scutata*
分类地位：环节动物门 / 多毛纲 / 不倒翁虫目 / 不倒翁虫科 / 不倒翁虫属
分　　布：本种为世界种。我国各海区潮下带常有分布。

薄荚蛏 *Siliqua pulchella*

中文种名：薄荚蛏
拉丁学名：*Siliqua pulchella*
分类地位：软体动物门 / 双壳纲 / 帘蛤目 / 灯塔蛤科 / 荚蛏属
分　　布：分布于黄渤海；日本、朝鲜半岛也有分布。生活于潮间带至水深31米的浅海。

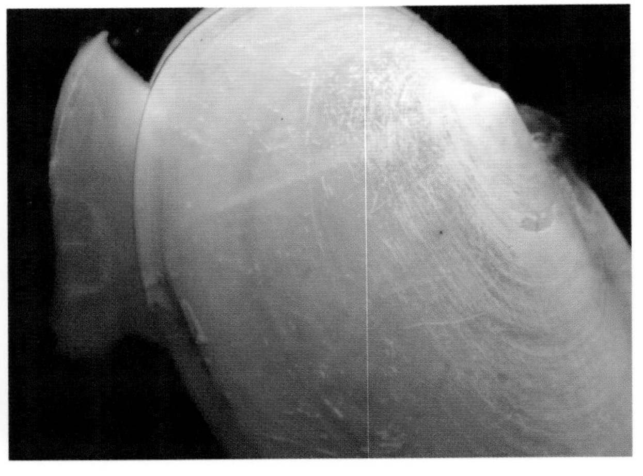

缢蛏 *Sinonovacula lamarcki*

中文种名：缢蛏
拉丁学名：*Sinonovacula lamarcki*
分类地位：软体动物门 / 双壳纲 / 帘蛤目 / 灯塔蛤科 / 缢蛏属
分　　布：分布于我国各海区及日本、越南。生活于潮间带中、下区或有少许淡水注入的内湾。

四角蛤蜊 *Mactra quadrangularis*

中文种名：四角蛤蜊
拉丁学名：*Mactra quadrangularis*
分类地位：软体动物门 / 双壳纲 / 帘蛤目 / 蛤蜊科 / 蛤蜊属
分　　布：分布于我国南北沿海；日本、朝鲜半岛、俄罗斯远东沿岸海域也有分布。栖息于潮间带低潮线及潮线下20米内的砂质海底。

中国蛤蜊 *Mactra chinensis*

中文种名： 中国蛤蜊
拉丁学名： *Mactra chinensis*
分类地位： 软体动物门 / 双壳纲 / 帘蛤目 / 蛤蜊科 / 蛤蜊属
分　　布： 主要分布于我国南北沿岸；日本、朝鲜也有分布。穴居于低潮线附近的沙中。

彩虹明樱蛤 *Moerella iridescens*

中文种名： 彩虹明樱蛤
拉丁学名： *Moerella iridescens*
分类地位： 软体动物门 / 双壳纲 / 帘蛤目 / 樱蛤科 / 明樱蛤属
分　　布： 分布于黄渤海、东海沿岸；日本、朝鲜、菲律宾、泰国也有分布。生活于潮间带。

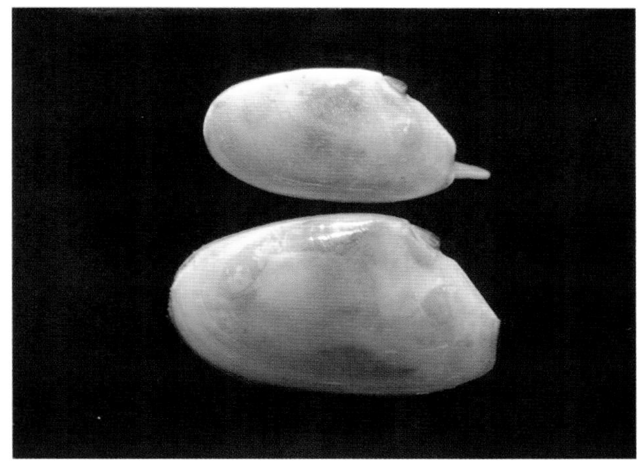

江户明樱蛤 *Moerella jedoensis*

中文种名： 江户明樱蛤
拉丁学名： *Moerella jedoensis*
分类地位： 软体动物门 / 双壳纲 / 帘蛤目 / 樱蛤科 / 明樱蛤属
分　　布： 分布于黄渤海、东海及日本海域。生活于潮间带至潮下带水深 30 米以内的浅海底。

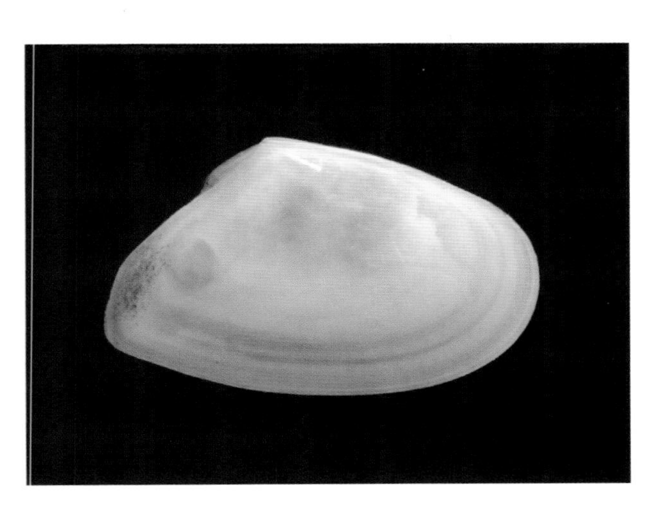

凸镜蛤 *Dosinia gibba*

中文种名： 凸镜蛤
拉丁学名： *Dosinia gibba*
分类地位： 软体动物门 / 双壳纲 / 帘蛤目 / 帘蛤科 / 镜蛤属
分　　布： 分布于我国沿海及日本海域。栖息于潮下带至水深 60 米的泥沙底质内。

菲律宾蛤仔 *Ruditapes philippinarum*

中文种名： 菲律宾蛤仔
拉丁学名： *Ruditapes philippinarum*
分类地位： 软体动物门 / 双壳纲 / 帘蛤目 / 帘蛤科 / 蛤仔属
分　　布： 广泛分布于我国沿海；韩国、日本、俄罗斯远东海域也有分布。喜栖于有淡水流入、波浪平静的内湾。其垂直分布从潮间带至 10 余米水深的海底。

青蛤 *Cyclina sinensis*

中文种名： 青蛤
拉丁学名： *Cyclina sinensis*
分类地位： 软体动物门 / 双壳纲 / 帘蛤目 / 帘蛤科 / 青蛤属
分　　布： 分布于我国沿海，朝鲜、日本也有分布。多生活于潮间带中、下区的泥沙中。

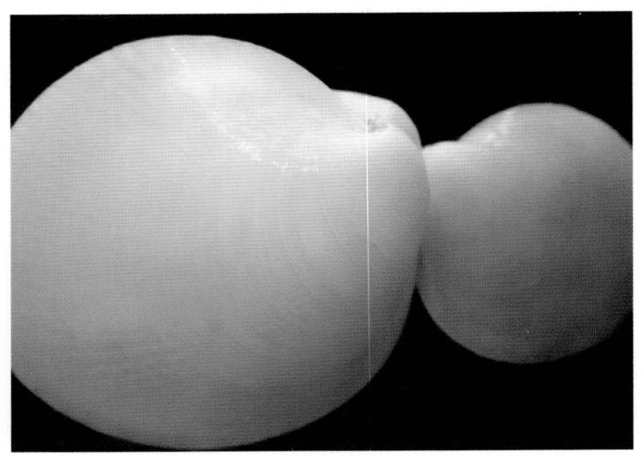

短文蛤 *Meretrix petechialis*

中文种名： 短文蛤
拉丁学名： *Meretrix petechialis*
分类地位： 软体动物门 / 双壳纲 / 帘蛤目 / 帘蛤科 / 文蛤属
分　　布： 分布于我国沿岸及朝鲜半岛。栖息于低潮区砂质海底。

灰双齿蛤 *Felaniella usta*

中文种名： 灰双齿蛤
拉丁学名： *Felaniella usta*
分类地位： 软体动物门 / 双壳纲 / 帘蛤目 / 蹄蛤科 / 小猫眼蛤属
分　　布： 分布于黄渤海；日本、西伯利亚海域也有分布。为冷水性种，在黄渤海栖息于 8 ~ 75 米的软泥沙质海底。

光滑篮蛤 *Potamocorbula laevis*

中文种名： 光滑篮蛤
拉丁学名： *Potamocorbula laevis*
分类地位： 软体动物门 / 双壳纲 / 海螂目 / 篮蛤科 / 河篮蛤属
分　　布： 分布于我国南北沿海。栖息于潮间带或稍深的沙和泥沙质海底。

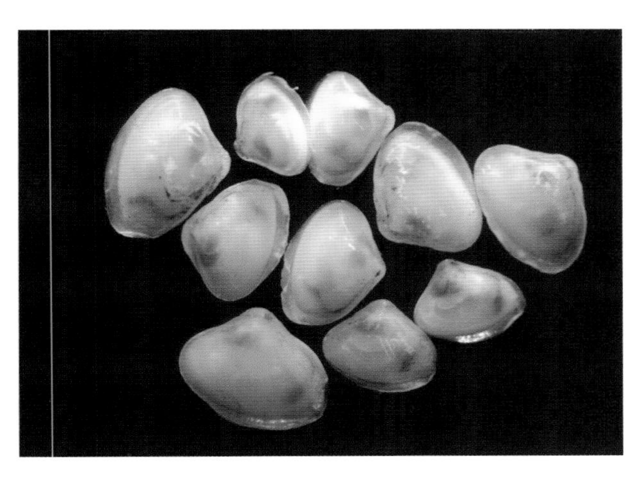

薄壳绿螂 *Glauconome primeana*

中文种名： 薄壳绿螂
拉丁学名： *Glauconome primeana*
分类地位： 软体动物门 / 双壳纲 / 帘蛤目 / 绿螂科 / 绿螂属
分　　布： 分布于黄渤海。生活于有淡水注入的潮间带沙或泥沙中。

毛蚶 *Anadara kagoshimensis*

中文种名： 毛蚶
拉丁学名： *Anadara kagoshimensis*
分类地位： 软体动物门 / 双壳纲 / 蚶目 / 蚶科 / 毛蚶属
分　　布： 分布于我国沿海；日本、朝鲜半岛、越南也有分布。生活于潮间带到潮下带浅水区（水深 0 ～ 55 米）的软泥底质中。

凸壳肌蛤 *Arcuatula senhousia*

中文种名： 凸壳肌蛤
拉丁学名： *Arcuatula senhousia*
分类地位： 软体动物门 / 双壳纲 / 贻贝目 / 贻贝科 / 弧蛤属
分　　布： 分布于我国南北沿海；北半球太平洋东西两岸都有分布。栖息于潮间带中潮区至低潮线下 5 ～ 6 米的泥沙滩上。

扁玉螺 *Neverita didyma*

中文种名： 扁玉螺
拉丁学名： *Neverita didyma*
分类地位： 软体动物门 / 腹足纲 / 中腹足目 / 玉螺科 / 扁玉螺属
分　　布： 分布于我国沿海；日本、朝鲜半岛、菲律宾、澳大利亚以及印度洋的阿曼湾等地也有分布。生活于潮间带至水深 50 米的沙和泥沙质的海底，通常于低潮区至水深 10 米左右处生活。

托氏蜎螺 *Umbonium thomasi*

中文种名： 托氏蜎螺
拉丁学名： *Umbonium thomasi*
分类地位： 软体动物门 / 腹足纲 / 原始腹足目 / 马蹄螺科 / 蜎螺属
分　　布： 我国北部沿岸种；日本群岛、朝鲜半岛皆有分布。栖息于河口区沙滩、泥沙滩。

泥螺 *Bullacta exarata*

中文种名： 泥螺
拉丁学名： *Bullacta exarata*
分类地位： 软体动物门 / 腹足纲 / 头楯目 / 长葡萄螺科 / 泥螺属
分　　布： 分布于我国沿海；日本、朝鲜也有分布。生活于潮间带泥沙底。

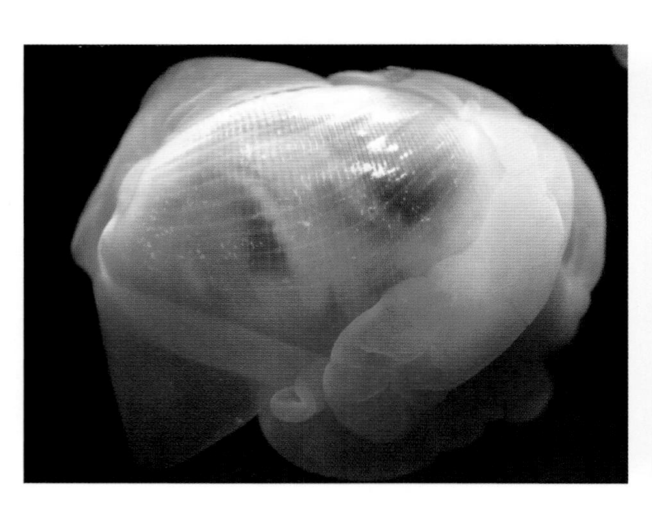

耳口露齿螺 *Ringicula doliaris*

中文种名： 耳口露齿螺
拉丁学名： *Ringicula doliaris*
分类地位： 软体动物门 / 腹足纲 / 头楯目 / 露齿螺科 / 露齿螺属
分　　布： 分布于我国沿海；马达加斯加、日本、朝鲜也有分布。生活于潮间带至潮下带 14 ~ 88 米深的泥沙质底。

圆筒原盒螺 *Cylichna cylindrella*

中文种名： 圆筒原盒螺
拉丁学名： *Cylichna cylindrella*
分类地位： 软体动物门 / 腹足纲 / 头楯目 / 盒螺科 / 盒螺属
分　　布： 分布于我国沿海及日本海域。生活于潮下带水深数十米到数百米的细砂质底。

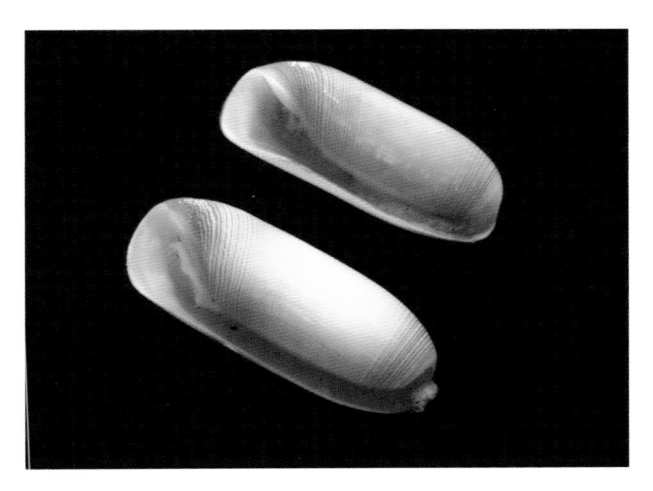

细长涟虫 *Iphinoe tenera*

中文种名： 细长涟虫
拉丁学名： *Iphinoe tenera*
分类地位： 节肢动物门 / 软甲纲 / 涟虫目 / 涟虫科 / 长涟虫属
分　　布： 分布于我国的黄海、渤海和东海。栖息于水深 4 ～ 37 米处。

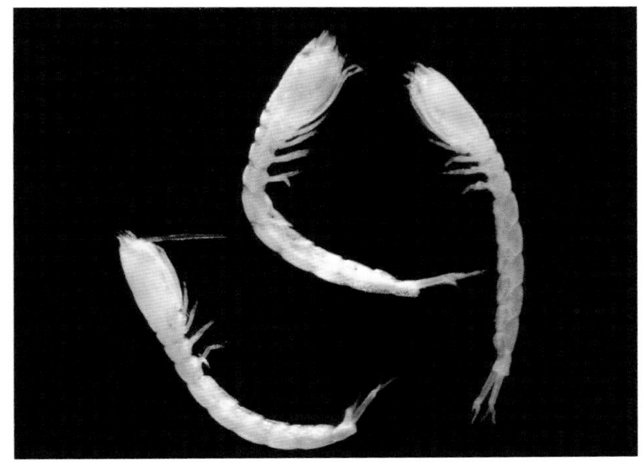

细螯虾 *Leptochela gracilis*

中文种名： 细螯虾
拉丁学名： *Leptochela gracilis*
分类地位： 节肢动物门 / 软甲纲 / 十足目 / 玻璃虾科 / 细螯虾属
分　　布： 我国沿海均有分布。生活于泥沙底浅海，为近岸习见种。

圆球股窗蟹 *Scopimera globosa*

中文种名： 圆球股窗蟹
拉丁学名： *Scopimera globosa*
分类地位： 节肢动物门 / 软甲纲 / 十足目 / 毛带蟹科 / 股窗蟹属
分　　布： 分布于我国广东、福建、山东半岛；朝鲜西岸、日本、斯里兰卡沿海也有分布。穴居于低潮区的泥沙滩上。

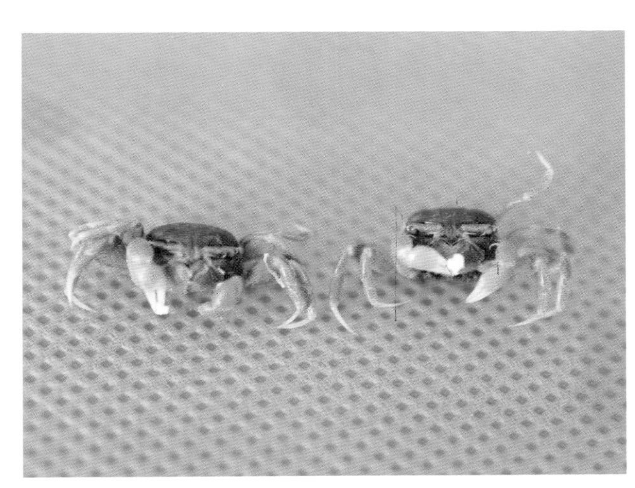

日本大眼蟹 *Macrophthalmus japonicus*

中文种名： 日本大眼蟹

拉丁学名： *Macrophthalmus japonicus*

分类地位： 节肢动物门 / 软甲纲 / 十足目 / 大眼蟹科 / 大眼蟹属

分　　布： 分布于我国广东、福建、浙江、山东半岛、渤海湾、辽东湾、辽东半岛；日本、新加坡也有分布。穴居于低潮线的泥沙滩上。

红线黎明蟹 *Matuta planipes*

中文种名： 红线黎明蟹

拉丁学名： *Matuta planipes*

分类地位： 节肢动物门 / 软甲纲 / 十足目 / 黎明蟹科 / 黎明蟹属

分　　布： 分布于我国沿海；日本、澳大利亚、印度尼西亚、泰国、新加坡、印度及南非洲沿岸也有分布。生活于细砂、中砂或碎壳泥质沙海底，水深 16 ～ 40 米处。

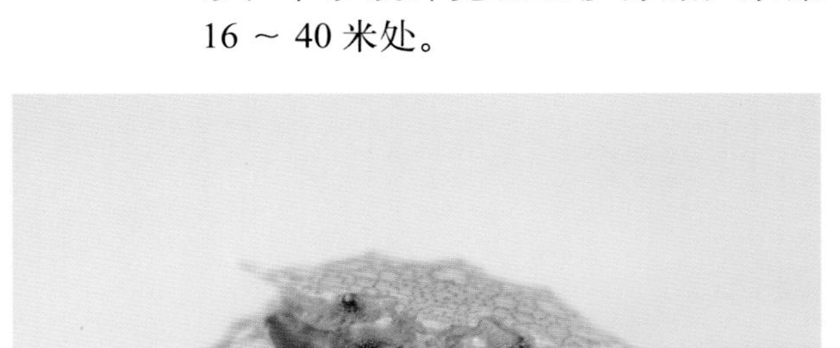

豆形拳蟹 *Philyra pisum*

中文种名： 豆形拳蟹

拉丁学名： *Philyra pisum*

分类地位： 节肢动物门 / 软甲纲 / 十足目 / 玉蟹科 / 拳蟹属

分　　布： 分布于我国沿海；朝鲜、日本、新加坡、菲律宾群岛、加利福尼亚也有分布。栖息于潮间带至潮下带水深几十米的泥沙海底。

心形海胆 *Echinocardium cordatum*

中文种名： 心形海胆

拉丁学名： *Echinocardium cordatum*

分类地位： 棘皮动物门 / 海胆纲 / 心形目 / 拉文海胆科 / 心形海胆属

分　　布： 世界广布种。主要分布于我国黄海及日本、新西兰、南非等地。栖息于潮间带至水深 230 米的沙底。

常见游泳动物

斑鰶 *Konosirus punctatus*

中文种名： 斑鰶
拉丁学名： *Konosirus punctatus*
分类地位： 脊索动物门 / 辐鳍鱼纲 / 鲱形目 / 鲱科 / 斑鰶属
分　　布： 渤海、黄海、东海、南海及朝鲜半岛、日本等印度—西太平洋海域。

鳀 *Engraulis japonicus*

中文种名： 鳀
拉丁学名： *Engraulis japonicus*
分类地位： 脊索动物门 / 辐鳍鱼纲 / 鲱形目 / 鳀科 / 鳀属
分　　布： 渤海、黄海、东海、南海及俄罗斯、朝鲜半岛、日本等西太平洋海域。

长蛇鲻 *Saurida elongata*

中文种名： 长蛇鲻
拉丁学名： *Saurida elongata*
分类地位： 脊索动物门 / 辐鳍鱼纲 / 仙女鱼目 / 狗母鱼科 / 蛇鲻属
分　　布： 渤海、黄海、东海、南海及朝鲜半岛、日本等西北太平洋海域。

黄鮟鱇 *Lophius litulon*

中文种名： 黄鮟鱇
拉丁学名： *Lophius litulon*
分类地位： 脊索动物门 / 辐鳍鱼纲 / 鮟鱇目 / 鮟鱇科 / 黄鮟鱇属
分　　布： 渤海、黄海、东海及朝鲜半岛、日本等北太平洋西部海域以及印度洋海域。

鲅 *Liza haematocheilus*

中文种名： 鲅
拉丁学名： *Liza haematocheilus*
分类地位： 脊索动物门 / 辐鳍鱼纲 / 鲻形目 / 鲻科 / 鲅属
分　　布： 渤海、黄海、东海、南海及朝鲜半岛、日本等西北太平洋海域。

日本下鱵鱼 *Hyporhamphus sajori*

中文种名： 日本下鱵鱼
拉丁学名： *Hyporhamphus sajori*
分类地位： 脊索动物门 / 辐鳍鱼纲 / 颌针鱼目 / 鱵科 / 下鱵鱼属
分　　布： 渤海、黄海、东海及朝鲜半岛、日本等西北太平洋海域。

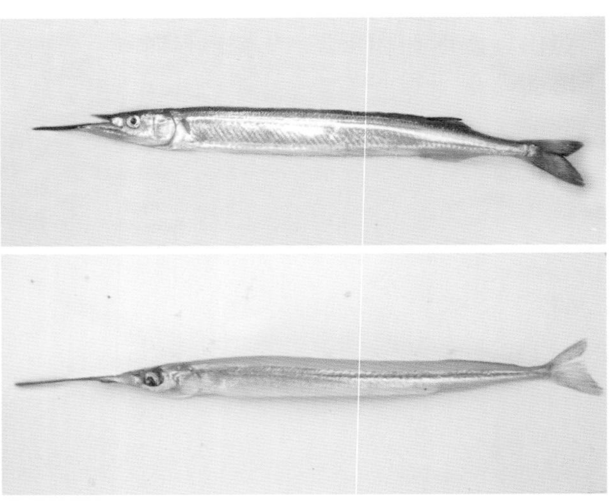

许氏平鲉 *Sebastes schlegeli*

中文种名： 许氏平鲉
拉丁学名： *Sebastes schlegeli*
分类地位： 脊索动物门 / 辐鳍鱼纲 / 鲉形目 / 鲉科 / 平鲉属
分　　布： 渤海、黄海、东海及朝鲜半岛、日本等西北太平洋海域。

绿鳍鱼 *Chelidonichthys kumu*

中文种名： 绿鳍鱼
拉丁学名： *Chelidonichthys kumu*
分类地位： 脊索动物门 / 辐鳍鱼纲 / 鲉形目 / 鲂鮄科 / 绿鳍鱼属
分　　布： 渤海、黄海、东海、南海及朝鲜半岛、日本、新西兰、南非等印度—西太平洋海域。

鲬 *Platycephalus indicus*

中文种名： 鲬
拉丁学名： *Platycephalus indicus*
分类地位： 脊索动物门 / 辐鳍鱼纲 / 鲉形目 / 鲬科 / 鲬属
分　　布： 渤海、黄海、东海、南海及朝鲜半岛、日本、菲律宾、印度尼西亚、大洋洲、非洲东南部、印度等海域。

花鲈 *Lateolabrax maculatus*

中文种名： 花鲈
拉丁学名： *Lateolabrax maculatus*
分类地位： 脊索动物门 / 辐鳍鱼纲 / 鲈形目 / 鮨科 / 花鲈属
分　　布： 渤海、黄海、东海、南海及日本等西太平洋海域。

细条天竺鲷 *Apogon lineatus*

中文种名： 细条天竺鲷
拉丁学名： *Apogon lineatus*
分类地位： 脊索动物门 / 辐鳍鱼纲 / 鲈形目 / 天竺鲷科 / 天竺鲷属
分　　布： 渤海、黄海、东海、南海及日本海域。

银姑鱼 *Pennahia argentata*

中文种名： 银姑鱼
拉丁学名： *Pennahia argentata*
分类地位： 脊索动物门 / 辐鳍鱼纲 / 鲈形目 / 石首鱼科 / 银姑鱼属
分　　布： 渤海、黄海、东海、南海及朝鲜半岛、日本海域。

小黄鱼 *Larimichthys polyactis*

中文种名： 小黄鱼
拉丁学名： *Larimichthys polyactis*
分类地位： 脊索动物门 / 辐鳍鱼纲 / 鲈形目 / 石首鱼科 / 黄鱼属
分　　布： 渤海、黄海、东海及朝鲜半岛、日本海域。

方氏云鳚 *Enedrias fangi*

中文种名： 方氏云鳚
拉丁学名： *Enedrias fangi*
分类地位： 脊索动物门 / 辐鳍鱼纲 / 鲈形目 / 锦鳚科 / 云鳚属
分　　布： 渤海、黄海。

蓝点马鲛 *Scomberomorus niphonius*

中文种名： 蓝点马鲛
拉丁学名： *Scomberomorus niphonius*
分类地位： 脊索动物门 / 辐鳍鱼纲 / 鲈形目 / 鲭科 / 马鲛属
分　　布： 渤海、黄海、东海、南海及朝鲜半岛、日本、印度尼西亚、澳大利亚、印度等印度—西太平洋海域。

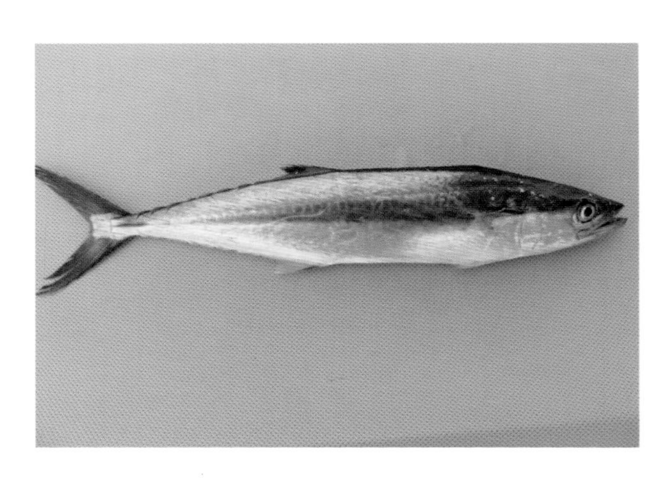

斑尾刺虾虎鱼 *Acanthogobius ommaturus*

中文种名： 斑尾刺虾虎鱼
拉丁学名： *Acanthogobius ommaturus*
分类地位： 脊索动物门 / 辐鳍鱼纲 / 鲈形目 / 虾虎鱼科 / 刺虾虎鱼属
分　　布： 渤海、黄海、东海、南海及朝鲜半岛、日本海域。

褐牙鲆 *Paralichthys olivaceus*

中文种名：褐牙鲆
拉丁学名：*Paralichthys olivaceus*
分类地位：脊索动物门 / 辐鳍鱼纲 / 鲽形目 / 牙鲆科 / 牙鲆属
分　　布：渤海、黄海、东海、南海及俄罗斯、朝鲜半岛、日本海域。

短吻红舌鳎 *Cynoglossus joyeri*

中文种名：短吻红舌鳎
拉丁学名：*Cynoglossus joyeri*
分类地位：脊索动物门 / 辐鳍鱼纲 / 鲽形目 / 舌鳎科 / 舌鳎属
分　　布：渤海、黄海、东海、南海及朝鲜半岛、日本海域。

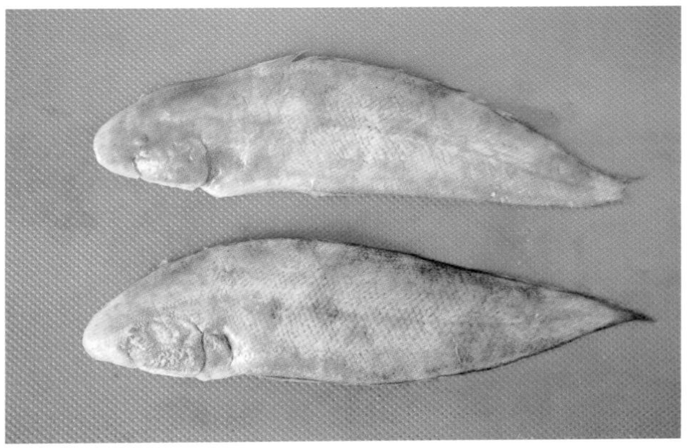

绿鳍马面鲀 *Thamnaconus modestus*

中文种名：绿鳍马面鲀
拉丁学名：*Thamnaconus modestus*
分类地位：脊索动物门 / 辐鳍鱼纲 / 鲀形目 / 单角鲀科 / 马面鲀属
分　　布：渤海、黄海、东海及朝鲜半岛、日本海域。

口虾蛄 *Oratosquilla oratoria*

中文种名：口虾蛄
拉丁学名：*Oratosquilla oratoria*
分类地位：节肢动物门 / 甲壳纲 / 口足目 / 虾蛄科 / 口虾蛄属
分　　布：渤海、黄海、东海、南海及俄罗斯、菲律宾、马来西亚、夏威夷群岛等西太平洋海域。

鹰爪虾 *Trachysalambria curvirostris*

中文种名： 鹰爪虾
拉丁学名： *Trachysalambria curvirostris*
分类地位： 节肢动物门 / 甲壳纲 / 十足目 / 对虾科 / 鹰爪虾属
分　　布： 渤海、黄海、东海、南海及朝鲜半岛、日本、菲律宾、澳大利亚、地中海、南非、红海、印度等印度—太平洋海域。

中国毛虾 *Acetes chinensis*

中文种名： 中国毛虾
拉丁学名： *Acetes chinensis*
分类地位： 节肢动物门 / 软甲纲 / 十足目 / 樱虾科 / 毛虾属
分　　布： 渤海、黄海、东海、南海及朝鲜半岛、日本海域。

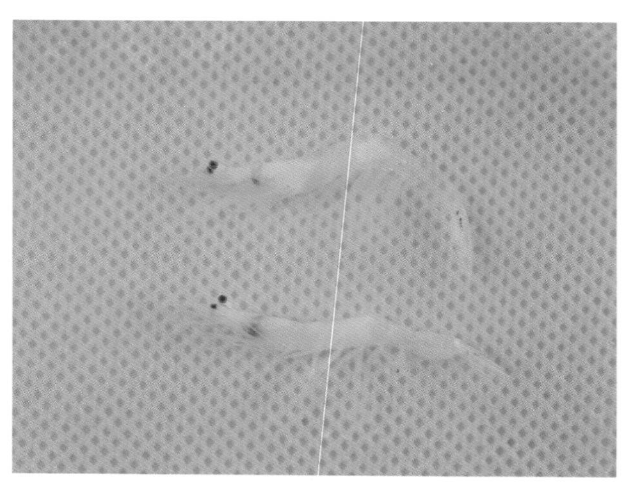

三疣梭子蟹 *Portunus trituberculatus*

中文种名： 三疣梭子蟹
拉丁学名： *Portunus trituberculatus*
分类地位： 节肢动物门 / 甲壳纲 / 十足目 / 梭子蟹科 / 梭子蟹属
分　　布： 渤海、黄海、东海、南海及朝鲜半岛、日本、越南、马来西亚、红海海域。

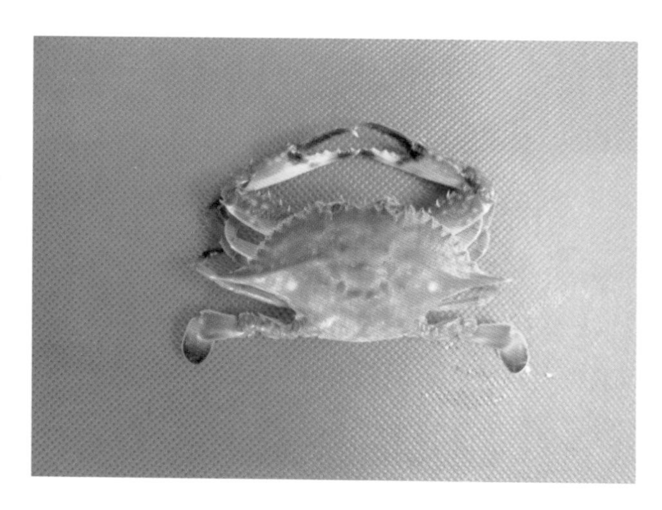

日本蟳 *Charybdis japonica*

中文种名： 日本蟳
拉丁学名： *Charybdis japonica*
分类地位： 节肢动物门 / 甲壳纲 / 十足目 / 梭子蟹科 / 蟳属
分　　布： 渤海、黄海、东海、南海及朝鲜半岛、日本、马来西亚、澳大利亚、印度、红海等海域。